U0211708

国家出版基金资助项目
"十三五"国家重点图书
材料研究与应用著作

配筋混凝土砌块砌体结构抗震性能研究及应用

SEISMIC PERFORMANCE RESEARCH AND APPLICATION OF REINFORCED MASONRY STRUCTURES

于德湖　祝英杰　著

哈尔滨工业大学出版社
HARBIN INSTITUTE OF TECHNOLOGY PRESS

内 容 提 要

由于配筋混凝土砌块砌体结构具有节土、节能等优点,近年来越来越广泛地应用于我国的工程建设中,并逐渐向高层、复杂形体发展。与此相应,要求我们深入研究其抗震特性并给出实用的抗震设计方法。作者多年来针对该种结构类型进行了从构件、子结构到整体结构的试验与分析工作,并自主开发了平扭耦联的配筋混凝土砌块砌体结构弹塑性地震反应分析实用计算程序 EDAPCSC。在多年研究的基础上,撰写了这部配筋混凝土砌块砌体结构方面的著作。本书可供广大工程设计人员、科研工作者和院校师生参考。

图书在版编目(CIP)数据

配筋混凝土砌块砌体结构抗震性能研究及应用/于德湖,祝英杰著. —哈尔滨:哈尔滨工业大学出版社,2017.5
ISBN 978－7－5603－6070－6

Ⅰ.①配… Ⅱ.①于… ②祝… Ⅲ.①钢筋混凝土结构－配筋砌体结构－抗震性能－研究 Ⅳ.①TU375.04

中国版本图书馆 CIP 数据核字(2016)第 131133 号

材料科学与工程
图书工作室

策划编辑 许雅莹 张秀华
责任编辑 张 瑞 李长波
封面设计 卞秉利
出版发行 哈尔滨工业大学出版社
社 址 哈尔滨市南岗区复华四道街 10 号 邮编 150006
传 真 0451－86414749
网 址 http://hitpress.hit.edu.cn
印 刷 哈尔滨市石桥印务有限公司
开 本 660mm×980mm 1/16 印张 16.5 字数 260 千字
版 次 2017 年 5 月第 1 版 2017 年 5 月第 1 次印刷
书 号 ISBN 978－7－5603－6070－6
定 价 98.00 元

《材料研究与应用著作》

编 写 委 员 会

（按姓氏音序排列）

前　　言

　　中国是砌体大国,同时也是一个多地震的国家。我国最早的关于地震灾害的文字记录载于《竹书纪年》:"夏帝发七年泰山震"(公元前 1831 年)。史料整理表明,我国有文字记载的地震达 8 000 余次,其中成灾者超千起。仅近几年来,我国就遭受到惨烈的汶川 8.0 级、玉树 7.1 级、芦山 7.0 级等多次破坏性地震。作为砌体结构的发展方向和趋势,配筋混凝土砌块砌体结构的抗震性能较传统无筋砌体结构有了长足的进步,与钢筋混凝土结构相比造价低廉,适合于中高层建筑的建造。开展对配筋混凝土砌块砌体结构的各种力学行为研究和应用,对我国新型建筑结构体系的发展具有重要意义。

　　本书的内容多为作者近年来发表的一些研究、学习心得,以及指导研究生的成果,并吸收了国内外同行的研究成果。本书可作为工程技术人员及高校学生的参考书。本书内容分为 4 个部分:

　　(1)第 1 部分:第 1 章介绍配筋混凝土砌块砌体结构的发展历程和国内外研究现状,便于读者理解该结构体系的发展和特点。

　　(2)第 2 部分:第 2~4 章在构件和子结构层面上介绍配筋混凝土砌块砌体结构的受力特点。第 2 章介绍了高强混凝土小型空心砌块砌体的抗压和抗剪性能试验研究,考虑了不同砂浆、不同填芯率及不同填芯混凝土强度等级的影响。第 3 章和第 4 章介绍了高强混凝土芯柱—构造柱砌块砌体墙的抗震性能试验,重点考察了墙片的高宽比、垂直压应力、纵向钢筋配筋率、芯柱和构造柱的影响。

　　(3)第 3 部分:第 5 章、第 6 章主要介绍作者开发的实用计算程序 EDAPCSC 以及多高层配筋砌体偏心结构弹塑性地震反应的主要影响参数。第 5 章介绍了针对配筋砌块砌体剪力墙结构,自主开发了平扭耦联的配筋混凝土砌块砌体结构弹塑性地震反应分析实用计算程序 EDAPCSC。第 6 章主要介绍利用该程序从结构参数、地震动特性及刚度在楼层中的分配形式 3 个方面，初步讨论了其对结构弹塑性地震反应特性的影响。

（4）第 4 部分：第 7～9 章主要介绍配筋混凝土砌块砌体结构的实用抗震设计方法，并进行了振动台试验验证。第 7 章介绍了由底部剪力法结果确定偏心配筋砌块砌体剪力墙结构的各楼层设计剪力及扭矩的简化计算公式，并讨论了应用于双向偏心情况的可行性。第 8 章基于"为结构设计合理的破坏部位"的思想，给出了配筋砌块砌体剪力墙结构抗震设计的多道设防方法，并给出了具体的设计步骤、设计实例。第 9 章介绍平面不规则配筋砌体结构的地震模拟振动台试验，验证了考虑主余震的多道设防设计方法的可靠性，考察了平面不规则配筋砌体结构及其构件的地震反应特性和破坏机制。

配筋混凝土砌块砌体结构是砌体结构的发展方向，作者多年来针对该种结构类型进行了从构件、子结构到整体结构的试验与分析工作，试图深入考察其抗震性能，并提出实用的多道设防设计方法。希望本书的出版能为工程界应用该种结构体系贡献一分力量！

行文至此，作者希望将真挚的感谢之情献给那些为本书内容做出直接或间接贡献的人们（师长、同事、学生和实验室工作人员）。感谢历年来在哈尔滨工业大学土木工程系工作的老一辈教授们，他们严谨的治学精神和认真的工作态度丰富了我的学识，也为我做出了榜样。特别感谢谢礼立院士和王焕定先生对本书工作的指导和支持。感谢宋佳博士在本书振动台试验中付出的辛勤工作，感谢许卫晓博士为本书全文提供的校对工作。书中有部分内容参考了有关单位或个人的研究成果，均已在参考文献中列出，在此一并致谢。

由于作者的水平所限，如本书有说明、论证与计算等疏漏及不足之处，恳请各位读者批评指正！

于德湖　祝英杰

2016 年 9 月于青岛

目　　录

第1章 绪 论

1.1 砌体结构发展历程回顾

砌体结构是由砌块和砂浆砌筑而成的墙、柱作为建筑物主要受力构件的结构形式。它包括砖结构、石结构和其他材料的砌块结构,可分为无筋砌体结构和配筋砌体结构[1]。砌体结构历史悠久,天然石是最原始的建筑材料之一,古代大量具有纪念性的建筑物均用砖、石建造,如我国的赵州桥、大雁塔、都江堰,埃及的金字塔,君士坦丁堡的圣索菲亚大教堂,罗马斗兽场等,其中我国的赵州桥是世界上最早的敞肩式拱桥,并被美国土木工程学会选为世界第12个土木工程里程碑[2]。

受砌砌块料和砂浆的力学性能及砌筑工艺等影响,采用砌体结构的高层建筑物数量较少。1891年美国芝加哥建造了一幢17层的砖房,底层承重墙厚度达1.8 m。1957年瑞士苏黎世采用强度为58.8 MPa、空心率为28%的空心砖建成一幢19层的塔式住宅,墙厚仅380 mm,引起了业界的高度关注。水泥的发明使砂浆强度大大提高,促进了砌体结构的发展,一些国家20世纪70年代砌块产量就接近砖的产量。国外采用砌体作为承重墙的高层房屋越来越多,1970年在英国诺丁汉市建成一幢14层的房屋(内墙厚230 mm,外墙厚270 mm),与钢筋混凝土框架相比上部结构造价降低7.7%。新西兰允许在地震区用配筋砌体建造7~12层的房屋,因为与钢筋混凝土框架填充墙相比,它们在一定范围内具有较好的适用性和经济价值[3]。美国加州帕萨迪纳市的希尔顿饭店为13层混凝土砌块结构,经受圣佛南多大地震后完好无损,而毗邻的一幢10层钢筋混凝土结构的房屋却遭受严重破坏[4]。近年来,国外采用高黏度黏合性高强砂浆或有机化合物树脂砂浆甚至可以对缝砌筑。

1

在设计理论方面,苏联是世界上最早建立砌体结构理论和设计方法的国家。20 世纪 40 年代之后进行了较系统的试验研究,20 世纪 50 年代苏联提出了砌体结构按极限状态设计的方法[5]。同时欧美各国加强了对砌体结构材料的研究和生产,在砌体结构的理论研究和设计方法上取得了许多成果,推动了砌体结构的发展。20 世纪 60 年代以来,欧美许多国家逐渐改变长期沿用的按弹性理论的容许应力设计法,英国标准协会于 1978 年编制了《砌体结构实施规范》,意大利砖瓦工业联合会于 1980 年编制了《承重砖砌体结构设计计算的建议》,均采用极限状态设计方法[2]。

自 1949 年新中国成立后,我国砌体结构得到很大的发展和应用,住宅建筑、多层民用建筑大量采用砖墙承重,中小型单层工业建筑和多层轻工业建筑也常采用砖墙承重,中国传统的空斗砖墙,经过改进用作 2～4 层建筑的承重墙。20 世纪 50 年代末开始,采用振动砖墙板建造的 5 层住宅,承重墙厚度仅为 120 mm。在地震区,采取在承重砖墙转角和内外纵横墙交接处设置钢筋混凝土抗震柱(也称构造柱)及在空心砖或空心砌块孔内配置纵向钢筋和浇灌混凝土等措施,提高砌体结构的抗震性能。新中国成立以来我国砖的产量逐年增长,据统计 1980 年的全国年产量为 1 600 亿块,1996 年增至 6 200 亿块,为世界其他各国砖每年产量的总和[3]。重庆市 1980～1983 年新建住宅建筑面积为 503 万 m^2,其中采用砖承重的建筑占 98%,7 层和 7 层以上的建筑占 50%[6]。从 20 世纪 90 年代初期,在总结国内外配筋混凝土砌块试验研究经验的基础上,我国在配筋砌块砌体结构的配套材料、配套应用技术的研究上获得了突破性进展,中高层配筋砌块建筑具有明显的社会经济效益[7]。近 10 年来,采用混凝土、轻骨料混凝土或加气混凝土,以及利用河砂、各种工业废料、粉煤灰等制成无热料水泥煤渣混凝土砌块或蒸压灰砂砖、粉煤灰硅酸盐砖、砌块等在我国有较大的发展[3]。为了保护耕地,转变浪费土地资源的传统烧制方式,国务院早在 1992 年就下发了《关于加快墙体材料革新和推广节能建筑意见的通知》,并对全国 170 个大中城市提出了"禁止使用实心黏土砖时间表",2005 年又下发了《国务院办公厅关于进一步推进墙体材料革新和推广节能建筑的通知》,决定到 2010 年底,所有城市不再使用实心黏土砖,作为黏土砖的主要替代材料和某些功能优于黏土砖的新型砌块的发展前景被逐渐看好。

作为砌体结构的发展方向和趋势,近年可用于建设高层建筑的配筋砌块砌体剪力墙结构体系逐渐成为砌体结构领域研究和应用的热点,该体系有很多优点,如不需要支设模板、节省人工、节省钢筋等,与传统砌体结构相比,在墙体的承载力和延性方面得到了很大提高,该体系实施多年来,已经成为一套较为成熟的结构体系。

我国是砌体大国,也是一个多地震的国家,地震区域非常广,砌体结构房屋震害通常分为 3 种:房屋整体式倒塌、局部倒塌以及墙体的开裂。砌体房屋整体倒塌又可分为 3 种类型:底层先倒,上层随之倒塌;中、上层先倒,砸塌底层;上、下层同时散碎倒塌。通常来讲,刚性楼盖房屋,上层破坏轻,下层破坏重;柔性楼盖房屋,上层破坏重,下层破坏轻。砌体结构局部倒塌通常发生在以下部位:房屋墙角部位、纵横墙连接处、房屋平面凹凸变化处等在地震时产生较大的应力集中的部位。砌体结构极易产生水平裂缝、斜裂缝及 X 形裂缝[8]。

我国又是人口大国,城市用地非常紧张,不少城市迫切需要建造中高层及高层建筑,以缓解建设中用地紧张的现象。因此,发展抗震性能良好、施工方便、造价低廉、节能环保的高层和中高层配筋砌块砌体结构体系,开展对配筋砌块砌体结构的各种力学行为的研究和应用,对我国新型建筑结构体系的发展具有重要意义。

1.2 配筋砌块砌体结构国内外的研究现状

1.2.1 理论研究现状

1. 小型砌块结构中砌块墙体与钢筋混凝土之间的协同作用分析

小型砌块结构中通常会增加现浇混凝土暗梁、芯柱、构造柱,以增强结构的整体性,提高结构整体抗震能力,在进行配筋砌块砌体墙体分析时,砌块与混凝土两种不同材料之间的相互作用应该切实地在模型建立的过程

3

中给予考虑,这两种不同材料组成的墙体在弹性阶段和弹塑性阶段协同工作的情况将影响结构的抗震能力。由于砌体的抗剪能力较差,在砌块结构中加入配筋混凝土构件后,混凝土部分将吸收、耗散大部分地震能量,可以大大改善砌块砌体结构的抗震性能[9]。

2. 边缘约束构件对配筋砌块砌体剪力墙的影响研究

由于配筋砌块砌体剪力墙通常带有边缘构件,在研究配筋混凝土砌块墙体时,需要考虑边缘约束构件对配筋砌块砌体剪力墙的影响,同济大学结构工程与防灾研究所的何明春和程才渊就用 ANSYS 有限元软件对带有边缘构件的配筋砌块砌体剪力墙体进行多参数分析,其中包括边缘构件截面、配筋率及墙片轴压比、高宽比等。模拟中通过对不同参数的影响研究设置多组墙体,模拟证明:边缘构件的约束效果明显,能够有效提高墙体的抗弯承载力。当墙体受到水平荷载时,边缘构件的横截面增大对墙体的刚度和抗弯承载力影响明显。同时边缘构件的配筋率对墙体的抗剪承载力影响较大,但对刚度几乎没有太大的影响,而在水平荷载作用下,墙片的高宽比和轴压比对其抗弯承载力的提高贡献较小[10]。

3. 抗震设计中对配筋砌块砌体结构抗延性的影响因素的研究

延性是建筑抗震设计中的重要指标,北京腾远设计事务所的王墨耕等人推导出了曲率延性与轴压比的关系。经过例题演算后得到配筋砌块砌体墙体的延性特性的量化公式,量化的精度还需要更多的试验数据来修正[11]。

4. 配筋混凝土砌块墙体受剪性能的有限元分析

在进行有限元分析时,有限元软件中所要设置的剪力传递系数、打开关闭压碎以及迭代方法都将影响模拟结果。湖南大学的刘桂秋和高文双发现当模型的剪力传递系数为 $0.1 \sim 0.5$ 时结果差别不大,而压碎选项关闭时对模拟结果偏差影响较大,所以一般均选择打开压碎选项。迭代方法中用弧长法得到的结果比 NR 法得到的结果略低[12]。

5. 框架 - 配筋砌块砌体混合结构有限元分析

西安交通大学的马建勋等人对框架 - 配筋砌块砌体混合结构的模态和地震作用下的结构响应情况进行分析,通过模拟计算出结构墙体的固有频率并得到墙体的前 6 阶振型。除一、四阶频率两者相近外,纯框架结构的固有频率相对要比在相同条件下框架—配筋砌块砌体混合结构的固有频率小,且混合结构的变形形式分为上、下两种,上部的配筋砌块墙体主要以弯曲变形为主,而下部的框架结构则以剪切变形为主,所以这种组合结构能够有效地控制结构上部位移,使整体刚度增加较大。从对模型施加地震作用后所得到的数据中可以看出,混合结构的水平位移要明显小于框架结构,有效地减小了顶层位移,有利于抗震[13]。

6. 配筋砌块砌体与框架组合结构抗震性能研究

西南交通大学的孙庆洁应用有限元分析软件 MIDAS/Gen 对一实际工程进行分析,分析模型分为 3 种:原纯框架结构、用配筋砌块砌体替代框架结构填充墙结构以及在弱轴方向加设配筋砌体剪力墙—框架结构。分析 3 种结构模型在地震作用下的弹塑性,探究配筋砌块与框架结构两种结构体系组合时共同作用的抗震性能。

地震作用下,配筋砌块—框架组合结构的顶点位移以及层间位移都比纯框架结构的位移小,说明两者共同工作的抗震性能良好。如果可以合理布置配筋砌块墙体的空间位置,不仅能够增加结构的整体刚度,而且能使柱的轴压比减小,从而减小柱的截面面积,既可以增加空间的使用面积,又可以减少造价成本。由于在模态加载和常速度加载情况下,结构表现出的性能有较大不同,因此只用一种水平荷载加载不能完全反映地震作用。用配筋砌块代替框架填充墙能提高其抗震能力,但由于加大了其刚度而使柔性明显减小,对于抵抗某一范围内波长的地震作用不利。这种混合结构在罕遇地震下所表现的薄弱部位与框架结构相似,应该在结构底部加强其抗剪能力[14]。

7. 配筋砌块砌体剪力墙结构弹塑性地震反应研究

哈尔滨工业大学的周平采用 EDAPCSC 原程序分析配筋砌块砌体剪力墙结构弹塑性地震反应研究,给出了在不同烈度下满足抗震设防要求的对称结构的最大限制高度,而对于均匀偏心结构,偏心率主要影响结构底部 3 层的抗震性能,所以 8 层以上的配筋砌块剪力墙结构要对底部 3 层采取加固措施,防止因偏心作用造成底部先破坏。偏心作用还可造成结构边缘构件发生扭转破坏,成为结构的薄弱部位,且截面较大的边缘构件较易发生破坏,所以尽量避免在边缘处设置抗侧力构件,以防边缘构件发生破坏导致其结构承载力大大降低[15]。

8.混凝土小型空心砌块砌体的非线性动力分析

在进行有限元分析时,结构模型、材料的本构关系以及破坏准则的选取都对模拟的结果有很大影响。祝英杰和刘之洋教授就对此进行了理论研究,混凝土小型空心砌块砌体的应力－应变关系,与其相近尺寸的实心砖砌体相似,所以可以由砖砌体的本构关系推出砌块砌体的本构关系。在受到动力荷载作用时,可视其为各向异性材料模型,并由"等效单向应力－应变"曲线得到本构关系矩阵。而砌块砌体在不同压力下的特征体现不同,在双向受压或单向受压时,砌体结构表现出明显的非线性,而在其受双向拉－压或单向拉伸时,其并无非线性特性,所以可以视为各向同性材料;砌块砌体的灰缝黏结破坏是主要破坏类型,破坏准则主要是双向破坏准则,且剪应力主要是沿灰缝方向,这与砖砌块墙体的破坏形式很相似。文献[16]为验证其理论正确性,通过建立墙体进行有限元分析,得到混凝土小型空心砌块墙体应力－应变曲线并与相关试验曲线进行对比,验证理论的正确性。

1.2.2　试验研究现状

1.国内试验研究方面

(1)配筋混凝土砌块砌体开洞墙体试验研究。

长沙交通大学的杨伟军教授在砌块剪力墙方面做了大量试验工作。通过试验结果分别绘制出开裂前和开裂后的墙体滞回曲线,得到墙体的初裂荷载一般为其极限荷载的 60%,初裂缝首先发生在连梁 $45°$ 方向上,在水平荷载作用下,裂缝变宽扩展明显,若此时进行反向加载则以上裂缝逐渐闭合,然后在其裂缝的垂直方向上开展新的裂缝,破坏形式主要以弯曲破坏和剪切破坏为主。从试验结果可以看出,灌芯混凝土改善砌体变形性能,展现出了很好的延性。灌芯配筋混凝土砌块的性质综合了钢筋混凝土和砌块混凝土的优良性质,是具有经济性和实用性的墙体结构模式[17]。

（2）配筋混凝土砌块墙体抗剪拟合试验研究。

缪升教授在研究配筋砌块砌体方面也做了很多努力，包括温度裂缝影响、抗剪拟合研究等[18]。其中在抗剪拟合试验中进行了墙体的伪静力试验，伪静力加载方式是在竖向加载的基础上，水平加载分为两个阶段：第一阶段为开裂前进行力控制加载，第二阶段为开裂后进行位移控制加载；并在此加载方式基础上设计加载步骤。通过试验得出墙体的开裂荷载与开裂位移值、极限荷载与极限位移值、破坏荷载与破坏位移值。本书根据缪升教授的试验与同济大学、哈尔滨工业大学以及湖南大学等学校试验墙体结果进行了斜截面受剪承载力拟合，并给出了拟合后的修正公式[19,20]。

（3）配筋混凝土砌块砌体框支剪力墙房屋的抗震性能试验研究。

施楚贤教授等人将美国 Seible 的 5 层房屋试验模型按 1/4 缩尺比例缩小，研究配筋砌块墙体在伪静力荷载作用下的弹塑性性能以及破坏机理。试验表明，该砌体结构首先在连梁处发生墙体开裂，钢筋与部分砌体的摩擦力阻碍其发生破坏，当此摩擦力不足时，即达到极限荷载，此结构具有较好的抗变形能力。而底层框架属于薄弱层，在地震发生时主要以剪切形式发生破坏，其所受的竖向压力对墙体变形也有重要影响[21,22]。

（4）底层框架形式配筋砌块砌体剪力墙抗震性能研究。

哈尔滨工业大学的王凤来教授长年致力于配筋砌块砌体结构的研究，进行了大量理论、试验研究和推广应用工作。他将配筋砌块砌体剪力墙体与底层框架结构相结合进行了试验研究，模型分为 3 层，第一层为框架结构，第二、三层为配筋砌块砌体剪力墙结构，研究竖向荷载作用下框架结构的变形情况、拟动力试验以及转换层托梁破坏试验，试验得出的滞回曲线为线性，说明模型在震动时仍处于弹性状态。同时对于全结构模拟试验还提出了精确模拟试验子结构界面弯矩方法，完成了三自由度的弹性拟动力试验[23]。

2. 国外试验研究方面

国外的钢筋混凝土砌块砌体的研究比国内要早得多。早在 20 世纪 50 年代，在工程应用之前，学者们就对钢筋混凝土砌块砌体结构进行了相应的试验研究。由于砌块砌体结构的抗剪性能与砖砌体类似，较易发生剪切破坏,所以在抗剪试验研究方面,各国学者都做了很多努力。1973 年 Meli、1976 年 Mayes、1977 年 Priestley、1978 年 Chen、1978 年 Hidalgo、1986 年 Tomazevic、1989 年 Shing 等人都做了很多关于此方面的研究,为当时钢筋混凝土砌块砌体结构体系的研究提供了很多参考数据资料。

　　剪力墙墙体的高宽比直接影响配筋砌块砌体的破坏形式,Rober R. Schneider 指出:当墙体高宽比较大时,弯曲破坏是墙体所呈现的主要破坏形式,为提高其抗弯承载力,可以采取通过在墙端部增加垂直钢筋的数量等处理方式。

　　20 世纪 80 年代,P. B. Shing 等人对配筋砌块砌体结构的抗震性能进行研究,其中墙体剪切破坏并没有固定的承载力公式,主要是因为影响剪切承载力的因素有很多且过于复杂。砌体在受到剪力作用下主要是纵向钢筋在受力,而水平钢筋在产生裂缝之前并不能起到受拉作用,拉力主要是砌体自身来承受,所以开裂荷载主要取决于约束条件以及砌体抗拉能力;当产生裂缝后,水平钢筋与砌块、混凝土等骨料之间的咬合将承受大部分剪力作用。与水平钢筋相比,竖直钢筋的数量则直接影响墙体的开裂强度。水平钢筋的影响虽然具有离散型,但是其对开裂后的滞回曲线影响较大。结果还表明:水平钢筋在一定程度上可以改变墙体的破坏形态[24]。文献[25] 得出以下结论:在墙体开裂前,水平钢筋不起受拉作用;而开裂后,水平钢筋与墙体的黏结作用阻碍墙体开裂,在一定程度上可以提高墙体的变形能力,使其承载力有所加强,但是墙体承载力的提高程度与水平钢筋并没有直接明确的关系,水平配筋率越高,其承载力虽有提高但不呈现无限性。

　　2000 年以后,许多加入不同材料的混凝土砌块砌体应运而生,其中蒸压加气混凝土砌块较为常见。2001 年 Y. A. Daou 制作了 36 个蒸压加气混凝土砌块砌体墙体,旨在研究混凝土强度、砂浆强度等不同参数下对蒸压加气混凝土砌块砌体墙体抗压强度的影响[26]。

　　2005 年,S. C. Miller 等人就加拿大规范所规定的配筋砌块砌体剪力墙进行验证试验,发现规范所规定较为保守,抗剪钢筋并不是影响墙体抗剪强度的决定性因素,轴压比、混凝土强度等级以及箍筋的间距均对墙体抗剪强度承载力具有不同程度的影响。在反复循环荷载的作用下,墙体表现出具有吸收耗散能量的能力[27]。Majid Maleki 对承受平面荷载的灌芯混凝土配筋砌块砌体结构进行受力分析,在其建立模型时则采用了一种能够将受拉硬化以及强度退化均考虑进去的弥散型裂缝层模型。经与试验值进行对比,误差均在允许范围内,模拟结果较为准确[28]。

Salah R. Sarhat 等人对混凝土空心砌块砌体结构进行了一系列的试验研究,推出一个简单的、较为准确的经验公式预测无黏结空心混凝土砌块砌体的抗压强度[29]。Liu Lipeng 等人则研究了双轴灌浆混凝土砌块砌体的抗压强度,各向异性的程度是影响墙体应力状态的决定性因素。当承受单方向压力时,两向应力彼此逐渐削弱,主压应力减小,即应力比增大。在平等的双轴压缩下,不同单元的优势几乎相同,可以将砌体视为各向同性[30]。

1.3 抗震设计中平面不规则结构及余震震害研究

1.3.1 抗震设计中针对平面不规则结构的研究

1938 年美国学者 R. S. Ayre 首次发表关于地震作用下平面不规则结构的平动和扭转耦合作用的文章,说明人们开始认识结构扭转的存在,各国学者纷纷开展不规则结构的研究。Rakesh K. Goel 和 Anil K. Chopra[31] 为了研究单层平面不对称结构的弹塑性反应,分别改变抗侧力构件的数量、位置、方向及屈服位移,研究刚度和强度对其的影响。结果表明,竖向构件的扭转刚度对体系弹塑性影响较大,质量偏心和刚度偏心对结构的弹塑性影响反应不同。X. N. Duan 和 A. M. Chandler[32] 根据欧洲建筑抗震规范(UC8－93)、美国规范(UBC－94)和加拿大规范(NBCC－95)设计单层扭转不规则结构模型,并进行计算分析,说明偶然偏心造成的扭转反应比规范规定的偏大,提出需要考虑强度折减系数和耦联平动周期两个影响因素。Rakesh K. Goel[33] 用能量分析方法分析不对称结构的抗震性能,选取双向不对称结构,双向输入地震动,研究结构双向反应,表明对称和不对称结构输入相同能量的地震动时,平面不对称结构的柔性边缘构件较对称构件损伤更严重,但是刚性边缘构件损伤比对称结构轻。W. K. Tso 和 K. M. Dempsey[34]对一平面不对称单自由度结构,用反应谱法计算其动力扭转反应,说明动力偏心率可以用静力偏心距的双线性函数表示。M. I. E. C. Gómez[35]分析一单层结构的弹性和弹塑性反应,得出规范对柔性边缘构件规定偏安全,但对刚性边缘构件较不安全,建议考虑结构的扭转刚度和无耦联的平扭频率比。Tatsuya Azuhata、Taiki Saito 和 Masaharu Takayama 等人[36]采用能力谱法,研究平面不对称结构的弹塑性扭转反应,分别用强度修正系数和变形放大系数对平面不对称楼层的水平抗震强度进行折减,对破坏部位层间位移进行放大。M. N. Fardis、S. N. Bousias 和 G. Franchioni 等人[37]对两层带填充墙的不规则钢筋混凝土框架结构进行振动台试验,在双向地震动下,研究两向的填充墙刚度使结构发生扭转,并指出无填充墙的框架角柱两方向位移均达到最大值,因此应按双向设计该类构件。

在我国,也开展了对不规则结构的研究。江宜城和唐家祥[38]建立单向不规则单层基础隔震框架结构的运动方程,根据偏心的变化,研究结构震后的反应,指出随着偏心率的增大,基础隔震较差。李宏男等人[39,40]在多维地震作用下,研究非对称结构在弹性状态下平扭耦联的随机反应分析。蔡贤辉、邬瑞锋和许士斌[41]分析研究多层剪切型均匀偏心结构的弹性地震反应,通过以下影响因素:基本平动周期、平扭频率比、偏心率、地震动强度、非偏向地震,说明各影响因素对结构弹塑性位移和构件延性反应的影响。戴君武等人[42]将理论与试验结合,表明偏心结构的非线性地震反应影响的因素主要是:结构整体的抗侧和抗扭能力、正交方向的抗侧力构件强度、强度偏心和分布、刚度偏心、正交方向地震强度。徐培福、黄吉锋和韦承基[43,44]研究位移比、周期比、偏心率的关系,说明有必要计算偶然偏心、控制位移比和周期比,并研究多塔结构,给予控制扭转作用的设计建议。同时,他们近似计算分析高层建筑在地震作用的平扭耦联效应,得出造成结构发生扭转的影响因素,为减小扭转作用提供相应的抗震设计建议。沈蒲生、孟焕陵和刘杨[45]认为当结构质心和刚心不重合,对于高层建筑将其等效为悬臂杆,其位移可以看成是平动和扭转的耦合,分别得到结构平动和扭转时的剪力,并且推导出结构的弹性扭转角,对构件剪力进行修正,说明如果考虑构件的抗扭刚度将使结构的弹性扭转角、构件的剪力与变形都减小。何浩祥、张玉怿和李宏男[46]用振型分解反应谱法近似计算高层建筑在双向水平地震作用下的平扭耦联反应,提出造成扭转变大的因素。他们认为结构顶部的扭转与相对偏心距、扭转周期和平动周期的比值有关,并且提出减小顶部扭转的抗震措施。聂一恒通过在结构上附加阻尼器,来有效控制周期比和位移比超限的偏心结构,减小其扭转效应,提出了偏心结构耗能减震的设计方法和过程。于德湖等人[47-49]用自行编制的平扭耦联时程分析程序(EDAPCSC),模拟真实结构,得出层数、层高、地震动强度、抗侧刚度都是造成结构发生平动的影响因素,同时也得出了偏心率、层数、地震动特性是造成结构发生扭转的影响因素。提出了高层偏心配筋砌体结构的简化设计方法,建立了平扭耦联的振型分解反应谱法与平动底部剪力、设计扭矩与静力扭矩的关系公式,并且提出建筑结构上部各层的剪力和扭矩的简化计算公式,并给出简化设计方法和步骤。白秀芳[50]研究分析非均匀偏心配筋砌体结构弹塑性地震反应的影响因素,主要有层数、层高、地震动强度、结构非均匀偏心率和地震动特性。

1.3.2 主余震作用下结构破坏的研究与发展

地震发生时往往伴随余震的频发,有时候余震造成建筑结构的破坏十分严重,甚至是建筑倒塌的决定性因素。但国内外对余震的研究不多,对余震造成建筑结构的破坏的研究也很少。

吴波和欧进萍[51]根据49组主余震震级资料,利用回归分析,得出主震与余震的经验公式,确定主余震的时程曲线的方法,及随机地震动模型和参数;并且给出了钢筋混凝土结构在主余震作用后的恢复力模型和解析表达式,利用弹塑性地震反应分析,给出结构在主余震作用下的累积损伤模型和分析方法。欧进萍和吴波[52]首先根据压弯构件的试验,得出压弯构件在主震和超越概率为 2.28% 的双余震作用下的破损度,指出联合作用比只在主震作用下损伤增加 60%，并且刚度下降 50%，极限强度降低 18%。然后利用弹塑性动力反应分析方法，计算余震对整体结构的损伤程度和倒塌的影响。最后，提出地震动能量等效原则，获得结构的滞回耗能反应。马俊驰等人[53]通过延性系数能力谱法，研究在主余震作用下结构的损伤情况。利用静力弹塑性 PUSH－OVER 方法，通过加载两次往复荷载，研究结构在主余震作用下的破坏情况，并且利用层间位移角来反映其破坏程度的大小。赵金宝[54]利用非线性程序对一钢筋混凝土结构进行人工地震波加载，分析余震对该结构的破坏指数，及其破坏规律，并利用回归分析得出结构在余震作用下破坏程度加深的预测模型。张杰[55]修改了配筋砌体结构空间协同的弹塑性地震反应分析程序（EAPESCCS），获得偏心配筋砌体结构在主余震作用下的弹塑性地震反应，并从偏心率、刚度分布、输入地震动特性等影响因素着手，通过易损性系数反映主余震对结构破坏程度加深的影响。管庆松[56]在 5·12 汶川地震后 5 月 25 日青川 6.4 级强余震作用下，观察框架结构填充墙对整体结构的影响，通过有限元模拟该结构，并将结果与实际情况进行对比，对框架填充墙结构在强余震作用下的结构反应展开了研究。

第 2 章　高强混凝土小型空心砌块砌体基本力学性能研究

2.1　试件的设计及参数选择

试件中的砌块采用尺寸为 390 mm×190 mm×190 mm 的单排孔主砌块,190 mm×190 mm×190 mm 的辅砌块,试件按《砌体基本力学性能试验方法标准》的要求砌筑,空心砌块砌体具有肋壁窄、竖向灰缝高的特点,为改善砂浆的和易性,砂浆中加入羟丙基甲基纤维素,又因砌体中孔洞的面积小而深度大,为使芯柱密实则需提高混凝土的流动性,在芯柱混凝土中加入高效减水剂,使坍落度达到 180 ～ 200 mm。抗压试件有两种:单、双孔块组砌 3 层(宽 590 mm)与双孔块组砌 3 层(宽 390 mm)。试件的尺寸为:590 mm×590 mm×190 mm(Ⅰ 型)和 390 mm×590 mm×190 mm(Ⅱ 型),试件的制作考虑了不同砂浆、不同填芯率及不同填芯混凝土强度等级的影响。砌块的几何形状如图 2.1 所示。

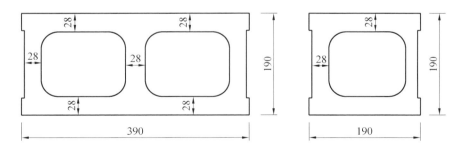

图 2.1　砌块的几何形状

本试验共制作了 31 个试件,22 个试件用于抗压试验,9 个试件用于抗剪试验,试件规格分 Ⅰ 型和 Ⅱ 型,砌块强度等级为 MU15,砂浆强度等级为 Mb10、Mb20。为增加砂浆的稠度,提高砂浆的强度,砂浆中掺加羟丙基甲基纤维素(HK－200000S),填芯混凝土强度等级为 Cb30、Cb40,混凝土中加 FNL 的高效减水剂。试件的基本参数见表 2.1。

表 2.1 试件的基本参数

试件编号	试件数	填芯率 α	砌块 f_1 /MPa	砂浆 f_2 /MPa	芯柱混凝土 f_{cu} /MPa
YK6100	2	—	17.26	9.6	—
YT6131	2	0.14	17.26	9.6	37.8
YT6132	2	0.28	17.26	9.6	37.8
YT6133	2	0.42	17.26	9.6	37.8
YT6143	2	0.42	17.26	9.6	39.6
YT6243	2	0.42	17.26	23.2	39.6
YK4100	2	—	17.26	9.6	—
YT4131	2	0.22	17.26	9.6	31.2
YT4132	2	0.43	17.26	9.6	31.2
YT4142	2	0.43	17.26	9.6	42.5
YT4242	2	0.43	17.26	23.2	42.5
JK4100	2	—	17.26	9.6	—
JK4200	1	—	17.26	23.2	—
JT4231	1	0.22	17.26	23.2	31.2
JT4232	1	0.43	17.26	23.2	31.2
JT4142	2	0.43	17.26	9.6	42.5
JT4242	2	0.43	17.26	23.2	42.5

通过 22 个高强混凝土砌体试件的抗压试验,9 个试件的通缝剪切试验,对高强混凝土小型空心砌块砌体的基本力学性能进行了研究,主要包括:砌块砌体的破坏特征、抗压强度、变形性能、应力－应变关系、弹性模量、泊松比及抗剪强度,并提出构件基本力学性能指标的计算方法。

2.2 抗压性能试验研究

2.2.1 初裂系数

试件发生初裂时,砌体长边面上首先出现第一条发丝裂缝,出现的位置及时间各异,初裂的位置一般始于上皮砌块,随后贯通块体。空心砌块砌体初裂发生的时间比较早,初裂系数 I 型为 0.52, II 型为 0.50,可以看出二者初裂系数相差不大,可以取空心砌体的平均开裂系数为 0.51。填芯率越大、填芯混凝土强度等级越高,填芯砌体的初裂发生越晚,开裂系数一般分布在 0.70～0.80,见表 2.2。不论空心砌块还是填芯砌块的破坏都表现为脆性:砌体发生初裂以后,随着荷载的增加,裂缝发展迅速,虽然从初裂到破坏经历了一定的时间,但总体上破坏形式表现为脆性,所以对于比较重要的、需要控制裂缝的砌体建筑,还是要认真研究、控制它的初裂荷载。

表 2.2 砌体试件初裂系数

试件编号	填芯率 α	砌块 f_1/MPa	砂浆 f_2/MPa	芯柱混凝土 f_{cu}/MPa	初裂荷载 N_{cr} /N	破坏荷载 N_u /N	初裂系数	试件类型
YK6100－1	—	17.26	9.6	—	498	889	0.56	I
YK6100－2	—	17.26	9.6	—	415	845	0.49	I
YT6131－1	0.14	17.26	9.6	37.8	565	1 526	0.37	I
YT6131－2	0.14	17.26	9.6	37.8	696	1 450	0.48	I
YT6132－1	0.28	17.26	9.6	37.8	1 224	1 589	0.77	I
YT6132－2	0.28	17.26	9.6	37.8	1 190	1 675	0.71	I
YT6133－1	0.42	17.26	9.6	37.8	1 354	1 855	0.73	I
YT6133－2	0.42	17.26	9.6	37.8	1 568	1 936	0.81	I
YK4100－1	—	17.26	9.6	—	516	956	0.54	II
YK4100－2	—	17.26	9.6	—	426	906	0.47	II

续表 2.2

试件编号	填芯率 α	砌块 f_1/MPa	砂浆 f_2/MPa	芯柱混凝土 f_{cu}/MPa	初裂荷载 N_{cr}/N	破坏荷载 N_u/N	初裂系数	试件类型
YT4131－1	0.22	17.26	9.6	31.2	879	1 156	0.76	Ⅱ
YT4131－2	0.22	17.26	9.6	31.2	1 017	1 225	0.83	Ⅱ
YT4132－1	0.43	17.26	9.6	31.2	1 049	1 295	0.81	Ⅱ
YT4132－2	0.43	17.26	9.6	31.2	1 216	1 351	0.9	Ⅱ
YT6143－1	0.42	17.26	9.6	39.6	1 390	1 879	0.74	Ⅰ
YT6143－2	0.42	17.26	9.6	39.6	1 365	1 750	0.78	Ⅰ
YT6243－1	0.42	17.26	23.2	39.6	1 565	2 174	0.72	Ⅰ
YT6243－2	0.42	17.26	23.2	39.6	1 447	1 855	0.78	Ⅰ
YT4142－1	0.43	17.26	9.6	42.5	782	1 475	0.53	Ⅱ
YT4142－2	0.43	17.26	9.6	42.5	959	1 390	0.69	Ⅱ
YT4242－1	0.43	17.26	23.2	42.5	1 212	1 460	0.83	Ⅱ
YT4242－2	0.43	17.26	23.2	42.5	1 206	1 526	0.79	Ⅱ

从表 2.2 中可以看出,对于有芯柱试件的初裂明显晚于空心的试件,说明芯柱的存在延迟了砌体的开裂,Ⅱ 型试件比 Ⅰ 型试件开裂晚,这是由于 Ⅱ 型试件最上及最下皮没有竖向灰缝,对于有竖向灰缝的试件,砌块及芯柱强度越高初裂系数越小,即相应于其破坏来说初裂较早。引起试件初裂的原因是:砂浆强度低于砌块的强度,而且竖向灰缝在砌筑时较难保证饱满,当试件承受竖向荷载时成为薄弱环节,由于内裂缝较早发展横向应变较大,砌块为限制竖向灰缝的变形在对应灰缝的部位必然会产生应力集中,又由于竖向应力的共同作用,使砌块表面靠近竖向灰缝的位置先达到二轴拉压的极限状态而开裂(试件由于砌块孔型的限制做不到完全的孔对孔砌筑,竖向灰缝正好对应着砌块纵横肋交接处,使砌块对应的部位成为薄弱环节),因此初裂多发生在荷载应力集中而砌块强度又相对较弱处。决定试件开裂的主要因素为砌体材料抗拉强度和砂浆的饱满度,所以当砌块强度相同时,芯柱混凝土强度较高的情况下,砌体的开裂强度相差不大,

这样虽然最终抗压强度提高,但是初裂系数却降低了;另外砌块强度提高很多时,材料的抗拉强度提高得不显著,所以当芯柱混凝土强度一定时,填芯砌体的初裂系数并不随砌块强度的提高而有明显的提高。总体看来,高强砌块填芯砌体表现出脆性破坏的性质,因此,提高填芯砌体的开裂系数的有效方法是改善砂浆的和易性及灰缝的饱和度,并且提高砂浆的强度。

2.2.2 抗压强度

1. 芯柱混凝土强度的比较

本章试验只采用了一种强度等级的砌块 MU15,芯柱混凝土采用了Cb30 和 Cb40 两种等级,从试验中选取以下几组对比,表2.3 为对比结果。

表 2.3 不同芯柱混凝土强度的对比   MPa

试件类型	试件编号	砌块强度	芯柱混凝土强度	砌体强度
Ⅱ	YT4132－1	17.26	31.2	17.5
	YT4132－2	17.26	31.2	18.2
	YT4142－1	17.26	42.5	20
	YT4142－2	17.26	42.5	18.7
Ⅰ	YT6133－1	17.26	37.8	16.5
	YT6133－2	17.26	37.8	17.3
	YT6243－1	17.26	39.6	19.4
	YT6243－2	17.26	39.6	18.6

从表2.3 几组试件中可以得出,对于全填孔的砌体,不论是Ⅰ型还是Ⅱ型,混凝土等级提高,砌体强度随之提高,但不是十分显著,相同条件下芯柱混凝土强度从31.2 MPa 提高到42.5 MPa,Ⅰ型砌体强度从16.5 MPa 提高到19.4 MPa,Ⅱ型试件的抗压强度随芯柱混凝土强度提高的幅度更小。实际上,砌块的强度、芯柱混凝土的强度越高则砌体的抗压强度越高,因此砌块和芯柱混凝土都是决定填芯砌体抗压强度的主要因素。

2. 填孔数量的比较

试验中 Ⅰ、Ⅱ 型试件,都考虑了填1孔、2孔及全填孔对抗压强度的影响程度,试件的具体试验数值见表2.4。

表 2.4 　不同填芯率的试验对比

试件类型	试件编号	填芯率	砌块强度 /MPa	芯柱混凝土强度 /MPa	砌体强度 /MPa
Ⅰ	YT6131－1	0.14	17.26	37.8	13.6
	YT6131－2	0.14	17.26	37.8	12.9
	YT6132－1	0.28	17.26	37.8	14.2
	YT6132－2	0.28	17.26	37.8	15
	YT6133－1	0.42	17.26	37.8	16.5
	YT6133－2	0.42	17.26	37.8	17.3
Ⅱ	YT4131－1	0.22	17.26	31.2	15.6
	YT4131－2	0.22	17.26	31.2	16.5
	YT4132－1	0.43	17.26	31.2	17.5
	YT4132－2	0.43	17.26	31.2	18.2

对于 Ⅰ 型试件,填 2 孔砌体相比填 1 孔的砌体,抗压强度有较大的提高,但是相同条件下全填孔的试件与填 2 孔的试件相比较,抗压强度的提高并不明显。对于 Ⅱ 型试件,填 1 孔和全填孔的抗压强度相比较,数值的提高从 16.1 MPa 到 17.9 MPa,抗压强度虽有提高,但是应用到实际工程中,不考虑砌体本身自重的增加等多种客观因素的影响,单从增加填芯率来提高其抗压强度是不适用的。

3. 砂浆强度的影响

本章试验选取了试件 YT6143、YT6243、YT4142、YT4242 进行试验数据分析,它们的型号、材料、填芯率、试验方法均相同,试验数据见表2.5。

表 2.5 　不同砂浆强度的对比

试件类型	试件编号	填芯率	砌块强度 /MPa	芯柱混凝土强度 /MPa	砂浆强度 /MPa	砌体强度 /MPa
Ⅰ	YT6143－1	0.42	17.26	39.6	9.6	17.9
	YT6143－2	0.42	17.26	39.6	9.6	18.2
	YT6243－1	0.42	17.26	39.6	23.2	19.4
	YT6243－2	0.42	17.26	39.6	23.2	18.6

续表 2.5

试件类型	试件编号	填芯率	砌块强度/MPa	芯柱混凝土强度/MPa	砂浆强度/MPa	砌体强度/MPa
Ⅱ	YT4142－1	0.43	17.26	42.5	9.6	20
	YT4142－2	0.43	17.26	42.5	9.6	18.7
	YT4242－1	0.43	17.26	42.5	23.2	19.7
	YT4242－2	0.43	17.26	42.5	23.2	22.3

从表 2.5 试验数据可以看出,其他条件都相同的情况下,单纯地提高砂浆强度(从 9.6 MPa 提高到 23.2 MPa),不论是Ⅰ型还是Ⅱ型试件,砌体抗压强度的变化都有一定范围,这个变化幅度可以考虑在离散性之内,可以证实砂浆强度的提高对砌体抗压强度的影响不大。

4. 抗压强度计算公式

(1) 空心砌块砌体抗压强度计算公式。

对Ⅱ型试件的抗压强度的计算有以下几种方法:

① 按《砌体结构设计规范》(GB 50003—2001)[57] 建议公式:

$$f_{m1} = 0.46 f_1^{0.9}(1 + 0.07 f_2)K_2 K_3 \tag{2.1}$$

当 $f_2 > 10$ MPa 时,$K_2 = 1.2 - 0.02 f_2$;

当 $f_2 > 20$ MPa 时,$K_3 = 0.95$。

② 按《混凝土小型空心砌块建筑技术规程》(JGJ/T 14—2011)[58] 建议公式:

$$f_{m2} = 0.3 f_1 + 0.2 \sqrt{f_1 f_2} \tag{2.2}$$

③ 按文献[59] 建议公式:

$$f_{m3} = 0.7 f_1(1 + 0.005 f_2) \tag{2.3}$$

式中　　f_{m1}、f_{m2}、f_{m3}——计算的轴心抗压强度平均值,MPa;

f_1——砌块抗压强度平均值,MPa;

f_2——砂浆抗压强度平均值,MPa。

对Ⅰ型试件的抗压强度的计算有以下几种方法:

① 按《砌体结构设计规范》(GB 50003—2001) 建议公式同式(2.1)。

② 按《混凝土小型空心砌块建筑技术规程》(JGJ/T 14—2011)[58]建议公式：

$$f_{m2} = 0.3f_1 + 0.2\sqrt{f_1 f_2} \tag{2.4}$$

③ 按文献[59]建议公式：

$$f_{m3} = 0.4f_1(1 + 0.017f_2) \tag{2.5}$$

空心砌块砌体的抗压强度主要取决于砌块的强度、砂浆的强度，砂浆的砌筑质量也是一个比较重要的因素。表 2.6 为本章试验与辽宁建筑科学研究院的空心砌块砌体抗压强度试验参数，根据上述各式计算的砌体平均抗压强度结果与试验结果的对比见表 2.7、2.8。

表 2.6　空心砌块砌体抗压强度试验参数

试验单位	试件编号	试件数量	砌块强度 /MPa	砂浆强度 /MPa	砌体强度 /MPa
本章试验	YK4100－1	1	17.26	9.6	12.9
	YK4100－2	1	17.26	9.6	12.2
辽宁建筑 科学研究院	CK42	6	17.58	29	14.05
	DK43	5	20.17	39.4	14.95
	AK42	5	18.97	29	15.43
	EK42	6	17.04	29	14.73
	FK41	6	16.99	25.7	14.51
本章试验	YK6100－1	1	17.26	9.6	8.1
	YK6100－2	1	17.26	9.6	10.2
辽宁建筑 科学研究院	DK63	6	20.17	39.4	8.97
	EK62	6	17.04	29	9.63
	FK61	2	17	25.7	8.3
	AK62	6	18.97	29	9.68
	AK61	6	18.97	25.7	9.09

表 2.7　Ⅰ型空心砌体轴心抗压强度对比分析

试件编号	砌块强度 f_1 /MPa	砂浆强度 f_2 /MPa	砌体强度 f_{m0} /MPa	按式(2.1)值 f_{m1} /MPa	按式(2.4)值 f_{m2} /MPa	按式(2.5)值 f_{m3} /MPa	f_{m0}/f_{m1}	f_{m0}/f_{m2}	f_{m0}/f_{m3}
YK6100-1	17.26	9.6	8.1	7.75	8.04	9.98	1.05	1.01	0.81
YK6100-2	17.26	9.6	10.2	7.75	8.04	9.98	1.31	1.26	1.02
DK63	20.17	39.4	8.97	11.68	13.47	10.55	0.77	0.67	0.85
EK62	17.04	29	9.63	9.56	10.1	10.53	1.01	0.95	0.92
FK61	17	25.7	8.3	9.28	9.77	10.65	0.89	0.85	0.8
AK62	18.97	29	9.68	10.38	11.33	11.6	0.93	0.85	0.84
AK61	18.97	25.7	9.09	10.1	10.9	9.9	0.83	0.84	0.92

表 2.8　Ⅱ型空心砌体轴心抗压强度对比分析

试验编号	砌块强度 f_1 /MPa	砂浆强度 f_2 /MPa	砌体强度 f_{m0} /MPa	按式(2.1)值 f_{m1} /MPa	按式(2.2)值 f_{m2} /MPa	按式(2.3)值 f_{m3} /MPa	f_{m0}/f_{m1}	f_{m0}/f_{m2}	f_{m0}/f_{m3}
YK4100-1	17.26	9.6	12.9	9.98	7.75	12.66	1.29	1.66	1.01
YK4100-2	17.26	9.6	12.2	9.98	7.75	12.66	1.2	1.57	0.96
CK42	17.58	29	14.05	10.8	9.79	14.09	1.3	1.43	0.99
DK43	20.17	39.4	14.95	10.55	11.68	16.9	1.42	1.27	0.88
AK42	18.97	29	15.43	11.6	10.38	15.2	1.33	1.48	1.01
EK42	17.04	29	14.73	10.53	9.56	13.65	1.39	1.54	1.07
FK41	16.99	25.7	14.51	10.65	9.28	13.42	1.36	1.56	1.08

　　从上面的对比可以看出,对于Ⅰ型空心砌体,试验值与理论值的对比结果可以看出,利用式(2.4)、(2.5)计算的理论值与试验值都有一定的偏差,相对来说式(2.1)的计算值较为合适,试验值与其偏差较小。对于Ⅱ型空心砌体,利用式(2.1)、(2.2)、(2.3)的计算值分别与试验值相比较,可

以看出利用式(2.1)、(2.2)计算是偏于保守安全的,利用式(2.3)来计算是比较合适的。而 Ⅰ 型试件形式更接近于实际的墙体,所以建议混凝土空心砌块砌体的轴心抗压强度的计算公式采用新编《砌体结构设计规范》(GB 50003—2011)[60] 式(2.1)是比较合适的,即

$$f_{m1} = 0.46 f_1^{0.9}(1 + 0.07 f_2) K_2 K_3$$

当 $f_2 > 10$ MPa 时, $K_2 = 1.2 - 0.02 f_2$;

当 $f_2 > 20$ MPa 时, $K_3 = 0.95$。

(2)填芯砌块砌体抗压强度计算公式。

砌体规范根据多家研究机构的试验值进行回归,得到对于填芯砌体抗压强度平均值 $f_{G,m}$,可由空心砌体抗压强度 f_m 和填芯混凝土强度 f_{cu} 之和表示为[60]

$$f_{G,m} = f_m + 0.63 \alpha f_{cu} \tag{2.6}$$

$$f_m = 0.46 f_1^{0.9}(1 + 0.07 f_2) K_2 K_3 \tag{2.7}$$

式中　α—— 砌体的填芯率。

将由规范式(2.6)计算的理论值与试验值比较,见表 2.9。

表 2.9　砌体抗压强度的比较

试件编号	填芯率	砌块 f_1 /MPa	砂浆 f_2 /MPa	芯柱 f_{cu} /MPa	理论值 /MPa	试验值 /MPa	试验／规范
YK6100	—	17.26	9.6	—	9.98	9.15	0.93
YT6131	0.14	17.26	9.6	37.8	13.31	13.3	0.99
YT6132	0.28	17.26	9.6	37.8	16.65	14.6	0.89
YT6133	0.42	17.26	9.6	37.8	19.98	16.9	0.85
YK4100	—	17.26	9.6	—	9.98	12.6	1.25
YT4131	0.22	17.26	9.6	31.2	14.3	16.05	1.12
YT4132	0.43	17.26	9.6	31.2	18.4	17.85	0.97
YT6143	0.43	17.26	9.6	39.6	21.4	16.2	0.76
YT6243	0.43	23.2	9.6	39.6	21.52	19.0	0.89
YT4142	0.43	17.26	9.6	42.5	20.45	19.35	0.95
YT4242	0.43	23.2	9.6	42.5	21.23	21	0.99

砌块的强度比较高时,对于填芯砌体,砌块强度和芯柱混凝土的强度共同影响了砌体的强度,芯柱的强度高于砌块的强度,观察破坏特征,大多数情况下砌体破坏表现为外皮的外胀破坏,在达到极限荷载时,砌块可以从芯柱剥离,芯柱被压酥裂,混凝土芯柱与砌块共同工作良好,芯柱强度对砌体强度的影响主要表现在极限荷载大为提高。Ⅱ型试件砌筑时完全孔对孔、肋对肋,最上、最下皮没有竖向灰缝,强度值有所提高。Ⅰ型试件每层均有一个竖向灰缝,从墙体构造的实际情况来说,Ⅰ型试件更接近于实际,受力时灰缝处形成薄弱层,试件自上向下传力时,破坏起始于上层竖向灰缝,相比较Ⅰ型试件的抗压强度值偏低。对于填芯砌体的抗压强度,如果按原《砌体结构设计规范》公式计算,理论值略高于试验值。

从试验结果可以得出,砂浆在抗压试验中起到的作用并不明显,扣除砂浆对抗压强度影响,只考虑砌块和芯柱两个因素,得出回归公式为

$$f_{Gm} = 0.65f_1 + 0.44\alpha f_{cu} \tag{2.8}$$

图 2.2 给出了砌块和芯柱对砌体的抗压强度贡献,其中回归直线的斜率表示了芯柱混凝土强度的提高对填芯砌体抗压强度的作用,直线的纵轴截距表示未填芯砌体抗压强度。

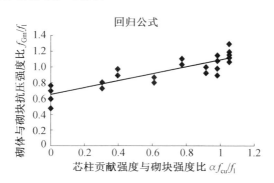

图 2.2   式(2.8)计算结果与试验结果比较

从表 2.10 中试验结果与公式计算值比较结果可以看到,规范公式是对不同强度等级砌块的通用公式,而对于强度较高的砌块砌体,按规范计算偏差较大,按式(2.8)的计算结果吻合得要相对好一些,本书建议用式(2.8)计算高强混凝土砌块砌体的抗压强度。

表 2.10　填芯砌体抗压强度试验结果与公式计算值的比较

试件单位	试件编号	砌块 f_1/MPa	砂浆 f_2/MPa	填芯率 α	芯柱 f_{cu}/MPa	试验值/MPa	规范值/MPa	按式(2.8)/MPa	试验/规范	试验/式(2.8)
本章试验	YT6231	17.26	9.6	0.14	37.8	13.31	13.3	13.55	0.99	0.98
	YT6232	17.26	9.6	0.28	37.8	16.65	14.6	15.87	0.89	1.05
	YT6233	17.26	9.6	0.42	37.8	19.98	16.9	18.2	0.85	1.1
	YT4231	17.26	9.6	0.22	31.2	14.3	16.1	14.24	1.12	1
	YT4232	17.26	9.6	0.43	31.2	18.4	17.8	17.12	0.97	1.1
	YT6243	17.26	9.6	0.43	39.6	21.4	16.2	18.71	0.76	1.14
	YT6343	17.26	23.2	0.43	39.6	21.52	19.0	18.71	0.89	1.15
	YT4242	17.26	9.6	0.43	42.5	20.45	19.3	19.26	0.95	1.06
	YT4342	17.26	23.2	0.43	42.5	21.23	21	19.26	0.99	1.38
辽宁建筑科学研究院	BT4222	22.94	29	0.43	23	20.7	20.1	19.26	1.03	1.07
	BT4232	22.94	29	0.43	29.6	21.4	21.9	20.51	0.97	1.04
	BT4332	22.94	39.4	0.43	29.6	21.7	19.5	20.51	1.11	1.05
	BT4342	22.94	39.4	0.43	23	20	17.7	19.26	1.13	1.04
	AT6112	18.97	25.7	0.23	24.5	13.4	18	14.81	0.74	0.9
	AT6222	18.97	29	0.23	23	13.1	15.5	14.66	0.85	0.89
	AT6113	18.97	25.7	0.36	24.5	16.2	20	16.21	0.81	0.99
	AT6223	18.97	29	0.36	23	18.3	17.5	15.97	1.05	1.14

2.2.3　应力－应变关系

根据试验实测应力、应变结果，绘制抗压应力－应变关系曲线，如图 2.3 所示。

从图 2.3 竖向应力－应变曲线可以看出，不同荷载下曲线基本反映一定的规律，采用已有的回归表达式：

$$\frac{\mu}{\mu_m} = \left(\frac{\ddot{A}}{f_m}\right) \tag{2.9}$$

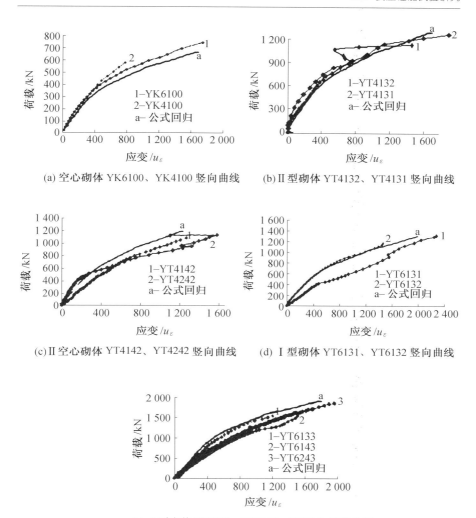

(a) 空心砌体 YK6100、YK4100 竖向曲线

(b) Ⅱ型砌体 YT4132、YT4131 竖向曲线

(c) Ⅱ空心砌体 YT4142、YT4242 竖向曲线

(d) Ⅰ型砌体 YT6131、YT6132 竖向曲线

(e) Ⅰ型砌体 YT6133、YT6143、YT6243 竖向曲线

图 2.3　竖向应力—应变曲线比较

　　式(2.9)表示不同荷载作用下试件的应变与极限压应变的比值和应力与极限压应力的比值之间成指数关系,表示了当填芯砌体中的应力达到峰值应力时,应变达到峰值应变。根据式(2.9)得到的应力—应变曲线 a 表示在图 2.3 中,与试验结果吻合较好。

　　在砌筑过程中,砌体中的竖向灰缝不能保证饱满,对砌块砌体来说,由于灰缝高,饱满度更难保证,在竖向荷载发生横向变形时,竖向灰缝由于存在一定的缺陷而首先随机出现微裂缝,引起砌体表面的横向变形增大,这样造成横向应力－应变关系的离散性较大。

由于试验机的刚度受限制,所得的极限压应变并不能真正代表实际破坏时的峰值应变,要得到真正的峰值应变是困难的,还必须进一步试验。由于砌体在 95％ 破坏荷载时开裂严重可以近似认为破坏,因此本章试验得到的极限应变也是有意义的,从表 2.10 中数据可以看出填芯砌体的强度越高相应的极限压应变越小,说明表现出的脆性性质越显著。

2.2.4　砌体的弹性模量

1. 空心砌体弹性模量

空心砌块砌体的弹性模量,《砌体结构设计规范》(GB 50003—2011)[60] 给出,砂浆强度大于 10 MPa 时,按下列公式计算:

$$E = 2\,000 f \tag{2.10}$$

$$f = 0.45 f_{m} \tag{2.11}$$

式中　f——砌体抗压强度设计值。

2. 填芯砌体弹性模量

填芯砌体弹性模量采用如下公式[60]进行计算:

$$E = 3\,000 f_{G} \tag{2.12}$$

$$f_{G} = 0.45 f_{G.m} \tag{2.13}$$

式中　f_{G}——填芯砌体的抗压强度设计值。

空心砌体和填芯砌体弹性模量试验分析结果见表 2.11、表 2.12。

表 2.11　空心砌体弹性模量 $E(\times 10^{4})$ 试验分析结果

试验单位	试件编号	试验值/MPa	规范值/MPa	建议值/MPa	试验／规范	试验／建议
本章试验	YK4100－1	1.25	0.87	1.20	1.43	1.04
	YK4100－2	1.19	0.91	1.34	1.31	0.88
	YK6100－1	2.01	0.69	0.97	2.9	2.07
	YK6100－2	1.93	0.63	0.87	3.06	2.21

续表 2.11

试验单位	试件编号	试验值 /MPa	规范值 /MPa	建议值 /MPa	试验／规范	试验／建议
辽宁建筑科学研究院	CK42	1.40	0.78	1.08	1.79	1.29
	DK43	1.24	0.76	1.06	1.63	1.16
	AK42	1.83	0.83	1.17	2.2	1.56
	EK42	0.95	0.77	1.06	1.23	0.89
	FK41	1.57	0.75	1.07	2.09	1.46
	DK63	1.36	0.76	1.06	1.78	1.28
	EK62	1.39	0.76	1.06	1.83	1.31
	FK61	0.98	0.77	1.07	1.27	0.92
	AK62	1.16	0.84	1.16	1.38	1.0
	AK61	1.30	0.72	0.99	1.8	1.31

表 2.12 填芯砌体弹性模量 $E(\times 10^4)$ 试验分析结果

试件单位	试件编号	试验值 /MPa	规范值 /MPa	建议值 /MPa	试验／规范	试验／建议
本章试验	YT6231	1.79	1.32	1.84	1.36	0.98
	YT6232	2.14	1.46	2.04	1.46	1.04
	YT6233	4.36	1.68	2.35	2.59	1.85
	YT4231	1.24	1.59	2.22	0.78	0.56
	YT4232	1.55	1.76	2.46	0.88	0.63
	YT6243	2.71	1.60	2.24	1.69	1.21
	YT6343	3.15	1.88	2.63	1.67	1.19
	YT4242	1.38	1.92	2.68	0.72	0.52
	YT4342	1.5	1.95	2.73	0.77	0.55

续表 2.12

试件单位	试件编号	试验值/MPa	规范值/MPa	建议值/MPa	试验／规范	试验／建议
	BT4222	2.87	1.45	2.03	1.97	1.41
	BT4232	2.8	1.58	2.21	1.77	1.26
	BT4332	2.6	1.41	1.97	1.84	1.31
辽宁建筑科学研究院	BT4342	2.96	1.27	1.78	2.33	1.66
	AT6112	2.33	1.30	1.82	1.79	1.28
	AT6222	1.94	1.12	1.56	1.73	1.24
	AT6113	2.45	1.45	2.03	1.68	1.21
	AT6223	3.08	1.26	1.76	2.44	1.75

分析试验结果,对试验数据进行回归如图 2.4 所示,得出回归公式为

$$E = 2\ 240 f_{G} \qquad (2.14)$$

式中　$f_{G} = 0.45 f_{G.m}$。

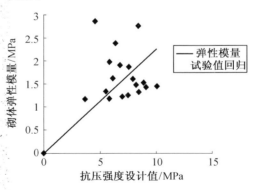

图 2.4　弹性模量试验值回归

表 2.12 为本章试验值和任意选取的辽宁建筑科学研究院部分试件得出的值,可见不论空心还是填芯砌体用规范式计算与其相比较,计算值都有一定的偏差,显然填芯砌体弹性模量式(2.14)是安全合理的,建议不论空心还是填芯砌体均采用式(2.14)计算弹性模量。

2.2.5 泊松比

从表 2.13 中可以看出泊松比的试验结果有稍微的离散性,求其平均值,Ⅰ 型试件泊松比为 0.38,Ⅱ 型试件泊松比为 0.225,由于最上皮、最下皮没有竖向灰缝,Ⅱ 型试件泊松比接近于混凝土的泊松比 0.2,Ⅰ 型试件更接近于实际的墙体情况,取值低于平均值,即取为 0.28。

表 2.13　砌体的泊松比试验结果

试件编号	$0.4N_u$ /N	横变均值 /$\mu\varepsilon$	竖变均值 /$\mu\varepsilon$	弹性模量 /MPa	泊松比	试件类型
YK6200	297	26	181	2.01	0.17	Ⅰ
YT6231	472	120	269	1.79	0.46	Ⅰ
YT6232	493	65	234	2.14	0.27	Ⅰ
YT6233	460	55	108	4.36	0.32	Ⅰ
YK4200	228	56	182	1.25	0.31	Ⅱ
YT4231	295	72	238	1.24	0.32	Ⅱ
YT4232	431	58	279	1.55	0.22	Ⅱ
YT6243	688	66	236	2.71	0.22	Ⅰ
YT6343	806	169	258	3.15	0.65	Ⅰ
YT4242	468	41	338	1.38	0.12	Ⅱ
YT4342	427	79	282	1.5	0.28	Ⅱ

2.2.6 砌体砌块和芯柱共同作用的性能分析

采用芯柱是提高砌体强度的切实有效的技术措施,如何进一步改善和提高芯柱与砌体的共同工作能力是值得研究的重要问题。由于混凝土在硬化过程中不可避免地要发生收缩,混凝土芯柱与砌体之间就有可能产生间隙,影响芯柱与砌体的共同工作。由于砌体的孔洞较深、较狭窄,因此采用自密实混凝土。混凝土芯柱与砌体共同作用的优劣,取决于当砌体受力开裂时其内力是否能马上传递给芯柱,如果芯柱中的混凝土与砌体之间没有间隙,并且黏结牢固,则砌体开裂时,砌体与芯柱混凝土之间没有任何滑移,这是理想的。否则混凝土芯柱就会与砌体产生滑移,从试件的破坏形式可以看出,对于芯柱与砌体强度接近的情况,破坏后砌块的外皮与芯柱混凝土还有比较好的结合,砌块外皮没有胀裂、剥离,在芯柱混凝土的强度较砌块强度高出很多的情况下,表现为砌块外皮的外胀破坏,这是因为,芯柱强度较高,受压时芯柱的横向变形明显大于砌块的横向变形,结果导致砌块破坏时,芯柱混凝土还有一定的承压能力,砌块外皮可以从芯柱完全剥离,芯柱大多完好。

从表 2.14 中辽宁建筑科学研究院的 AT6113、AT6223 与本章试验的 YT6233、YT6243、YT6343 的对比结果可以看出,填芯率、砌块强度基本相同的前提下,芯柱混凝土的强度从 23.0 MPa 提高到 39.6 MPa 不等,抗压强度提高得却很小,因此砂浆强度对填芯砌体抗压强度的影响不大。单从提高砌体抗压强度的角度来看使用很高强度的砂浆是没有必要的,但是砌块砌体中的竖向灰缝高度很大,如果按一般的砖砌体使用强度较低的砂浆,其和易性、流动性较差,竖向灰缝不易饱满,从实际的使用功能要求来看,这样的砌体存在竖向灰缝缺陷,砌体在受压状态下,竖向灰缝的缺陷可能会引起初裂缝的过早发展,使砌体在较低应力状态下开裂,因此不宜使用较低强度的砂浆。如果芯柱混凝土的强度过高,外部砌体的过早劈裂引起砌体破坏时芯柱混凝土的压应力将远低于其抗压强度,不能充分发挥材料的性能。芯柱混凝土的强度也不宜过低,否则外部砌体要约束芯柱过早发生的较大横向变形而不能充分发挥二者的强度,这样芯柱混凝土的强度不宜远远高于砌块的强度。综合试验资料,结论是:要提高砌体的抗压强度,如果单独地从提高砌块强度或是芯柱混凝土的强度出发是不合适的,强度不但没有明显的提高,变形反而更加不协调,即表现为更大的脆性。只有使砌块和芯柱混凝土的强度同步提高时,砌体的强度才能得到大幅提高。

表 2.14　各单位试验结果对比分析

试验单位	试件编号	填芯率	砌块强度/MPa	砂浆强度/MPa	芯柱混凝土强度/MPa	抗压强度/MPa
哈尔滨工业大学	A$_2$	0.40	13.2	6.2	27.1	18.9
	A$_3$	0.40	13.2	4.1	32.7	18.4

续表 2.14

试验单位	试件编号	填芯率	砌块强度/MPa	砂浆强度/MPa	芯柱混凝土强度/MPa	抗压强度/MPa
广西建筑科学研究院	T$_2$	0.38	22.3	6.0	18.6	17.2
	T$_3$	0.38	22.3	7.7	15.5	18.1
	T$_4$	0.38	22.3	8.4	17.4	19.6
辽宁建筑科学研究院	AT6112	0.23	18.97	25.7	24.5	13.4
	AT6222	0.23	18.97	29.0	23.0	13.1
	AT6113	0.364	18.97	25.7	24.5	16.2
	AT6223	0.364	18.97	29.0	23.0	18.3
本章试验	YT6231	0.14	17.26	9.6	37.8	13.31
	YT6232	0.28	17.26	9.6	37.8	16.65
	YT6233	0.42	17.26	9.6	37.8	19.98
	YT6243	0.43	17.26	9.6	39.6	21.4
	YT6343	0.43	17.26	23.2	39.6	21.52

2.2.7 试验方法、试件形式对抗压强度的影响

试验方法对抗压强度的影响也是非常大的,砌体抗压试件上、下端面应尽量用高标号砂浆砌平或抹平,不能用柔性材料或松散材料垫平,否则,就会变试件中部的压裂为两端的劈裂,使试件抗压强度大幅度地降低而失真。宽度为390 mm的用3块两孔标准块砌成的两孔试件与宽度为590 mm的三孔试件其力学性能有较大差异:抗压强度前者比后者大1.63倍,两孔的试件偏高,三孔的试件偏低,其原因是两孔试件砌筑时是完全孔对孔、肋对肋,没有竖向通缝,因而受压时没有薄弱环节,三孔试件由于每层均有一个竖向通缝,多数竖缝由于砌筑质量与砂浆干缩,上部形成空隙,再加上局压、偏压等不均匀受力因素存在,就导致三孔试件抗压强度偏小。而三孔试件与实际墙体的工作情况相近,但比墙体工作性能更好,因此试件应以三孔试件作为标准。从两孔试件比三孔试件的抗压强度高的结果表明,有必要改进目前通用的混凝土空心砌块形式,

使两孔块的中肋加厚至肋厚的两倍,达到肋对肋完全受压传力。

2.3　抗剪强度试验研究

抗剪试验根据受剪面的多少可以分为单剪和双剪,本节试验采用单剪试验方法[61],采用单剪试验来确定其抗剪强度,与双剪相比,单剪试验更接近于实际中的纯剪切,试验结果的准确性更大,这是因为双剪试验时常常不是两个受剪面同时破坏。

《砌体结构设计规范》[60]中空心砌体的抗剪强度采用公式:

$$f_{V.m} = 0.069\sqrt{f_2} \tag{2.15}$$

填芯砌块的抗剪强度用下式计算:

$$f_{GV.m} = 0.35\sqrt{f_{G.m}} \tag{2.16}$$

抗剪试验结果见表 2.15。

表 2.15　抗剪试验结果比较

试件编号	试验值/MPa	规范值/MPa	试验/规范
JK4200	0.334	0.247	1.35
JK4300	0.409	0.332	1.23
JT4331	0.756	1.23	0.62
JT4332	1.484	1.46	1.02
JT4242	1.51	1.52	0.99
JT4342	1.623	1.595	1.02

注:试件的抗剪强度试验值为 $f_V = \dfrac{N_u}{A}$,其中 A 为受剪面的面积

从试验结果中可见,砂浆强度和芯柱混凝土强度的不同对砌体的抗剪强度都有很大影响,对于空心砌体,主要取决于砂浆的强度,砂浆强度等级越高,砌筑时越密实,则抗剪强度就越高。芯柱的存在大大延缓了剪切破坏的发生,芯柱强度越高,抗剪强度越大。

从试验结果可以看出,《砌体结构设计规范》(GB 50003—2011)给出的空心砌体公式偏于安全,综合回归,本试验得出公式:

$$f_{\mathrm{GV.m}} = 0.38\sqrt{f_{\mathrm{G.m}}} \tag{2.17}$$

分析：《砌体结构设计规范》给出的关于填芯砌块的抗剪强度计算公式对于高强砌块砌体是合理的，但是对于空心砌体的计算是偏于保守的，建议采用式(2.17)来计算。

对比空心砌体，芯柱混凝土对填芯砌体抗剪强度提高作用是很明显的，因此当混凝土空心砌块砌体需要抵抗横向荷载时，在适当部位用混凝土进行填芯是行之有效的，试验中发现全部填芯的抗剪试件开裂后还能继续承担剪切荷载的作用，说明芯柱的存在起到了开裂后还能吸收一定能量的作用，这对于抗震是有利的。从破坏的情况来看，砌块没有任何的损坏，裂缝只是通缝，抗剪强度与砌块的强度无关，因此材料匹配时，砌块的选择只需考虑抗压强度的要求。

从表 2.16 的比较可以看出，本节试验的建议公式(2.17)对于填芯砌体计算是合理的，规范公式偏于安全，建议采用式(2.17)，但是如果把空心砌体的填芯率看为零，公式用于空心砌体的抗剪强度计算值偏大是不合适的，所以不能用一个公式概全，即建议式(2.17)只适用于填芯砌体的抗剪强度计算。

表 2.16　本节与辽宁省建筑科学研究院的抗剪强度对比分析

试验单位	试件编号	砌块强度/MPa	砂浆强度/MPa	填芯率	芯柱强度/MPa	试验值/MPa	规范值/MPa	建议值/MPa	试验/规范	试验/建议
本节试验	JK4100	17.26	9.6	—	—	0.334	0.247	0.26	1.35	1.28
	JK4200	17.26	23.2			0.409	0.332	0.36	1.23	1.13
	JT4231	17.26	23.2	0.22	31.2	0.756	1.23	1.34	0.62	0.94
	JT4232	17.26	23.2	0.43	31.2	1.484	1.46	1.58	0.99	0.92
	JT4142	17.26	9.6	0.43	39.6	1.51	1.52	1.65	0.99	0.92
	JT4242	17.26	23.2	0.43	39.6	1.623	1.595	1.73	0.94	0.94

续表 2.16

试验单位	试件编号	砌块强度/MPa	砂浆强度/MPa	填芯率	芯柱强度/MPa	试验值/MPa	规范值/MPa	建议值/MPa	试验/规范	试验/建议
辽宁建筑科学研究院	CT11	19.2	14.7	0.145	11.9	0.55	1.30	1.41	0.42	0.4
	CT12	19.2	14.7	0.257	11.9	1.05	1.34	1.45	0.78	0.73
	CT13	19.2	14.7	0.4	11.9	1.49	1.39	1.5	1.07	0.99
	CT22	17.2	16.3	0.257	16.0	1.25	1.33	1.44	0.94	0.87
	CT23	17.2	16.3	0.4	16.0	1.93	1.40	1.52	1.37	1.26
	CT32	12.0	13.0	0.257	16.0	0.96	1.14	1.24	0.82	0.77
	CT33	12.0	13.0	0.4	16.0	1.47	1.21	1.31	1.21	1.12
	CT41	19.2	14.7	0.145	16.2	0.47	1.32	1.43	0.37	0.33
	CT42	19.2	14.7	0.257	16.2	1.13	1.37	1.48	0.82	0.76
	CT43	19.2	14.7	0.4	16.2	1.57	1.43	1.55	1.09	1.01

根据以上试验研究得出如下结论:

(1)试验结果表明,高强砌块砌体的初裂系数较大,开裂较晚,砌体随着填芯率的增大、填芯混凝土强度等级的提高,开裂愈发渐晚,开裂系数为 0.70 ~ 0.80,在接近破坏荷载时裂缝急剧开展,最终砌体由于外壳形成几条主要的大裂缝而破坏。

(2)不论对于空心砌体试件还是填芯试件,Ⅰ型试件与实际墙体的工作情况相近,因此抗压强度应以Ⅰ型试件作为标准,如用Ⅱ型试件,结果则需要进行修正。Ⅰ型试件与Ⅱ型试件随填芯率的增大抗压强度都随之提高,但是对于全填孔和填两孔的情况,抗压强度的提高不十分明显。

(3)当砌块强度等级大于 MU15,砂浆强度等级大于 Mb10,芯柱混凝土强度等级大于 Cb20 时,填芯砌块砌体抗压强度建议用式(2.8)计算,弹性模量按式(2.14)计算,泊松比取为 0.28。提出新的高强砌块砌体抗压强度及弹性模量计算公式,计算值与试验结果符合较好,并偏于安全。

(4)芯柱混凝土对填芯砌体抗剪强度提高作用是很明显的,试验中发现全部填芯的抗剪试件开裂后还能继续承担剪切荷载的作用,试件沿通缝破坏,抗剪强度与砌块的强度无关,材料匹配时砌块的选择只需考虑抗压强度的要求。填芯砌块砌体抗剪强度计算建议采用式(2.17)进行计算。

第3章　高强混凝土芯柱－构造柱砌块砌体墙抗震性能研究

3.1　试验研究

3.1.1　试件设计及参数选择

1. 试件设计

试验中的砌块采用尺寸为 390 mm×190 mm×190 mm 的单排孔主砌块,190 mm×190 mm×190 mm 的辅砌块,试件的砌筑按《砌体基本力学性能试验方法标准》确定,空心砌块砌体具有肋壁窄、竖向灰缝高的特点,为改善砂浆的和易性,砂浆中加入羟丙基甲基纤维素,又因砌体中孔洞的面积小而深度大,为使芯柱密实则需提高混凝土的流动性,在芯柱混凝土中加入高效减水剂,使坍落度达到 180～200 mm。试件形式有 3 种,试验试件的尺寸见表 3.1。本试验共制作 6 个试件,试件共分为 3 组,砌块强度等级为 MU15,纵向钢筋为 $\phi 12$ mm 的 HRB400 钢筋,水平钢筋为 $\phi 6$ mm 的 HPB235 钢筋,砂浆强度等级为 Mb30,为了增加砂浆的稠度和提高砂浆的强度,砂浆中掺加羟丙基甲基纤维素(HK－200000S),填芯混凝土强度等级为 Cb30,构造柱和顶梁的混凝土强度等级为 C30 混凝土,为了提高混凝土的强度,在混凝土中加入 FNL 的高效减水剂(GB 8076—1997)。

试件的制作分 4 个阶段:第一阶段在建筑工地预制好底梁,养护好后运到实验室;第二阶段砌筑空心砌块砌体,由专业瓦工在底梁面上砌筑;第三阶段为填芯,在空心砌块砌筑 3 d 后进行,混凝土的坍落度为 180～200 mm;第四阶段为构造柱和顶梁的混凝土浇筑,然后进行养护,用薄膜将混凝土包起来以防止水分的蒸发,使混凝土能够达到预期的强度。

　　每次拌制砂浆和混凝土时都同时制作 3 组试件,砂浆试件用 70.7 mm×70.7 mm×70.7 mm 无底钢模,在砌块上制作,混凝土试块用 100 mm×100 mm×100 mm 钢模制作,并与试件同时养护。

表 3.1　试验试件的尺寸

墙体编号	截面尺寸 $b \times h$/(mm×mm)	试件长度 H /mm	纵筋(HRB400) 直径/mm	水平筋(HPB235) 直径/mm
HBW－1	190×1 000	1 400	12	6
HBW－2	190×1 000	1 400	12	无
HBW－3	190×800	1 600	12	6
HBW－4	190×800	1 600	12	无
HBW－5	190×1 600	1 400	12	6
HBW－6	190×1 600	1 400	12	无

　　将 6 面墙分成 3 组:第一组(HBW－1 和 HBW－2)、第二组(HBW－3 和 HBW－4)、第三组(HBW－5 和 HBW－6)。

　　2.试件的参数

　　试件的基本参数是其组成材料的强度和试件的外形尺寸,本试验共有 6 个试件,试件的基本参数见表 3.2。

表 3.2　试件的基本参数

墙体编号	填芯率 α	砌块 f_1/MPa	砂浆 f_2/MPa	构造柱与芯柱混凝土 f_{cu}/MPa
HBW－1	0.60	18.10	22.5	27.1
HBW－2	0.60	18.10	22.5	29.8
HBW－3	0.50	18.10	22.5	22.1
HBW－4	0.50	18.10	22.5	23.6
HBW－5	0.35	18.10	22.5	22.0
HBW－6	0.35	18.10	22.5	24.3

　　3.试验内容

　　主要通过 6 片墙体的伪静力试验,重点研究配筋砌块墙在水平反复荷载作用下的强度、变形和滞回特性,以及墙片的高宽比、垂直压应力、纵向钢筋配筋率、芯柱和构造柱等因素对这些特征的影响,用试验数据来确定墙片在破坏过程中反映出的荷载和位移关系以及刚度和强度的退化,研究墙体的抗震性能,试验基本内容见表 3.3。

表 3.3　试验基本内容

项目	内容
试验类型	足尺、局部单片配筋砌体剪力墙的伪静力试验
试验目的	对同时有芯柱和构造柱的砌体剪力墙动力性能进行研究
材料	混凝土强度 Cb30,中砂,水泥 42.5 MPa,石子 15 mm 以下,砌块的强度等级为 MU15,砌筑砂浆的强度等级为 Mb30,灌注混凝土的强度为 Cb30
考虑因素	墙片的高宽比、水平钢筋配筋率、纵向钢筋配筋率、填芯率
试件数量及编号	6 片(HBW—1、HBW—2、HBW—3、HBW—4、HBW—5、HBW—6)
试件破坏模式	剪切破坏和弯剪破坏
试验内容	试件的材性试验和墙片的抗剪试验
试件的设计原则	不同的破坏模式和试验机加载能力
仪器准备	材性试验机
	多通道动静力数据采集仪
	液压加载器,墙体正应力 σ_0 取为 1.2 MPa
	水平加载为 50 t,双向的电液伺服加载器
	5 个位移百分表
	钢筋应变片、混凝土应变片
测试的参数	钢筋应变、混凝土应变
	墙体裂缝(分别记录出现每一条裂缝时的荷载大小)
	墙体的滞回曲线和骨架曲线
	墙体的承载力(记录墙体达到极限荷载时的荷载大小)

　　试验采用计算机联机系统收集、处理数据,测试系统框图如图 3.1 所示。

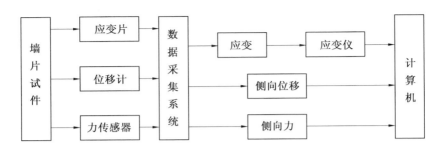

图 3.1　测试系统框图

4. 墙体试件图

本试验共有 6 片墙体,其中根据墙体的尺寸分为 3 组,而每组中的两片墙体唯一的区别就是其中的一片多布置了水平钢筋,因此在墙体详图中只给出布置了水平钢筋的 3 片墙体的详图,如图 3.2～3.4 所示。

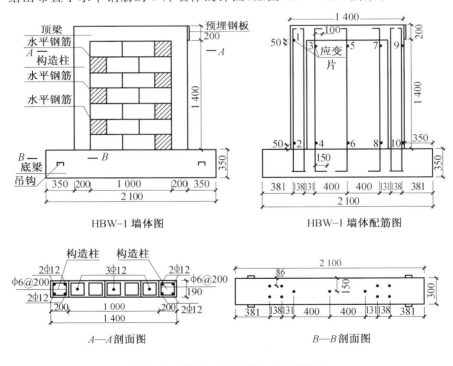

图 3.2　HBW－1(HBW－2)墙体图

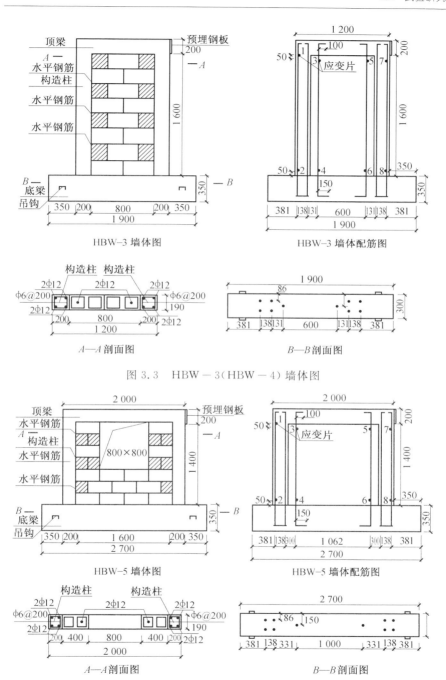

图 3.3 HBW－3（HBW－4）墙体图

图 3.4 HBW－5（HBW－6）墙体图

3.1.2　试验方案的确定

1. 试验装置

本试验在青岛理工大学结构实验室完成,采用的设备包括:MTS 液压伺服加载器、液压千斤顶。有关加载装置如图 3.5 所示。

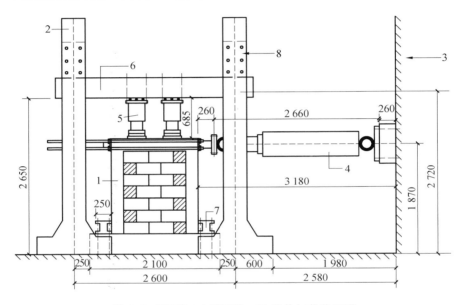

图 3.5　HBW－1(HBW－2)墙体加载装置图

1—HBW－1 墙体;2—门架;3—反力墙;4—作动器;5—竖向千斤顶;
6—加载梁;7—压梁;8—小梁

2. 加载制度

采用两个 30 t 的竖向千斤顶,通过分配梁施加恒定两点集中垂直荷载,竖向千斤顶与反力大梁之间采用滚轴连接,在墙片单元上端用 MTS 液压伺服器施加低周反复水平荷载。试验加载采用力和位移混合控制,具体加载步骤为:

(1)正式试验前,在试件上一次加足设计竖向荷载 1.2 MPa,静停 20 min 后反复 3 次施以 50 kN 水平荷载预推,检查、校正试件是否垂直、竖向荷载是否均匀、水平荷载作用是否通过中心点、仪器设备是否运行正常、固定装置是否牢固等。

（2）正式试验时，首先采用力控制加载，第 1 级荷载取 100 kN，之后以 100 kN 为级差递增加载（每级荷载循环 1 次）至试件出现第 1 条微裂缝，此后采用位移控制进行加载，变形值以开裂时试件顶点的最大位移值为基准，以该位移值的整数倍为级差控制加载，每级循环 1 ～ 2 次，至极限荷载下降到 85% 极限荷载时结束试验。

3. 位移计和混凝土应变片的布置

在每一片墙体的底部、底梁和顶梁处以及构造柱的中间处分别设置一个位移百分表用来监测在试验加载过程中墙体所发生的水平位移，同时在墙体的平面外设置两个位移百分表来监测墙体在加载过程中平面外所发生的位移。

在每一片墙体的对角线上布置混凝土应变片，用来测量在加载过程中混凝土砌块的应变值，同时在墙体两端的构造柱侧面粘贴混凝土应变片来测量构造柱混凝土的应变变化。

3.1.3　试验结果及分析

1. 破坏过程与破坏形态

试验中采用施加水平荷载，推、拉分别为正向和反向，观测面为正面，而且都是左侧为受推端，右侧为受拉端，如无特殊说明位移都是指顶点水平位移。

（1）HBW－1 墙。

HBW－1 墙破坏时的"X"形裂缝如图 3.6 所示。

在加载初期，荷载－位移曲线呈直线。当荷载加到向右 130 kN 时，在左构造柱侧面距底梁 40 cm 处出现水平裂缝，并向正面延伸，同时在构造柱正面距底梁 95 cm 处出现宽 0.2 mm、长 25 cm 的水平裂缝；在左构造柱内边缘距底梁 110 cm 处出现斜向右下方的宽 0.1 mm、长 20 cm 的 45° 裂缝，此时顶点水平位移为 5.02 mm，从钢筋应变的变化可以看出构造柱的纵筋已经受力，芯柱钢筋的应变不大，只有左构造柱的纵筋受拉。当同级荷载反向加载时，在右构造柱正面距底梁 30 cm、100 cm 处分别出现两条

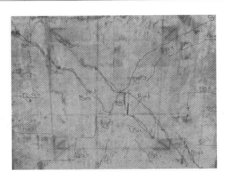

图 3.6　HBW－1 墙破坏时的"X"形裂缝

较短的水平裂缝,在墙体中央靠底梁处出现向右上角方向发展的长 30 cm、宽 0.2 mm 的斜裂缝,此时顶点水平位移为 5.10 mm。此后按 $\Delta = 2$ mm 的位移控制加载。

当向右位移为 7.8 mm 时,在左构造柱正面增加了两条水平裂缝,同时在墙体中间出现一条向右下角发展的宽 0.1 mm、长 20 cm 的 45°斜裂缝,此时水平荷载为 152 kN,构造柱纵筋应变开始加大,但下端的增大速度大于上端,中间芯柱的纵筋应变很小,左构造柱和左芯柱纵筋都处于受拉状态;当向左的水平位移为 7.46 mm 时,在右构造柱内侧出现向左下角发展的 45°斜裂缝,缝宽为 0.2 mm,长为 20 cm,同时在墙体中间高度右构造柱正面增加两条水平裂缝,此时顶点水平荷载为 153 kN。当向右位移为 9.97 mm 时,顶点水平荷载为 166 kN,墙体上的第一条斜裂缝开始延伸,裂缝向左上角发展,穿过左构造柱;裂缝向墙体中间发展,此时中间芯柱开始受拉,也就是说除右构造柱和右芯柱外的纵筋都处于受拉状态;当向左的位移为 9.82 mm 时,顶点水平荷载为 165 kN,此时图 3.6 中所示的右上角的裂缝开始向墙体中间发展,发展长度为 40 cm,同时右构造柱正面上的为水平裂缝也向中间延伸,缝宽为 0.3 mm,缝长为 35 cm;在左下角左构造柱内边沿,出现向墙体中间发展的锯齿形裂缝,缝长为 40 cm。当向右的水平位移为 12.24 mm 时,顶点水平荷载为 178 kN,在左上角已经出现的斜裂缝上方再出现一条平行的裂缝,它是从左构造柱内边缘开始向斜下方发展,到墙体中间结束。同时在右下角处也出现新裂缝,从距底梁 45 cm 的地方开始到右构造柱内边缘结束;反向加载水平位移为

12.45 mm 时,荷载为 176 kN,左下角的锯齿形斜裂缝向墙体中间发展,从钢筋应变可以看出,除了左构造柱外其他纵筋都处于受拉状态。

当向右的水平位移为 14.25 mm 时,顶点水平荷载为 184 kN,形成向右下斜的通缝,向右下方发展的主要有两条裂缝,这时上面的斜裂缝开始全墙贯通,从而形成向右下角的通缝;反向加载位移为 13.95 mm 时,顶点水平荷载为 183 kN,右上角的斜裂缝向墙体中间发展,与左下角斜裂缝形成左下斜的通缝。从钢筋应变变化可以看出当向右加载时只有右构造柱的纵筋受压,其他的都受拉,且受压、受拉的应变较上级荷载时变大;反向加载时情况相同。继续加载,两条主裂缝变宽,同时在主裂缝旁边产生一些短窄裂缝。当向右水平位移为 18.2 mm 时,右构造柱的底部混凝土压碎,构造柱底部的纵筋抗剪受拉;此时荷载为 150 kN;当向左水平位移为 18 mm 时,顶点水平荷载为 148 kN,左侧构造柱底部抗剪受拉。

(2)HBW-2 墙。

HBW-2 墙破坏时的"X"形裂缝如图 3.7 所示。

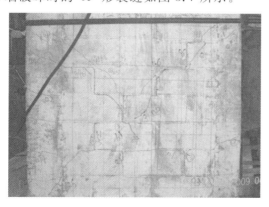

图 3.7　HBW-2 墙破坏时的"X"形裂缝

加载初期,荷载-位移曲线呈直线。当荷载水平向左为 130 kN 时,开始在右构造柱正面距底梁 100 cm 的地方出现长 25 cm、宽 0.2 mm 的水平裂缝,同时在右上角出现锯齿形裂缝,从右构造柱内边沿距底梁 80 cm 的地方开始一直到墙体中间结束,此时顶点水平位移为 6.57 mm,从钢筋应变的变化可以看出中间芯柱受力还很小,右边芯柱和右构造柱受拉;当顶点水平荷载为向右 130 kN 时,在左构造柱出现 3 条水平裂缝,分别为距底梁 26 cm、35 cm、60 cm 的地方,其中最上面的那条水平裂缝以锯齿形向内墙扩展,直到墙体水平中间线和底梁交界处结束;同时在左上角出现从左构造柱边缘向墙体中间发展的锯齿形斜裂缝,缝宽为 0.46 mm,此时顶点水平位移为 6.65 mm。此后开始以 $\Delta = 2$ mm 的位移控制加载。

当水平向左的位移为 8.77 mm 时,在右上角出现两条斜向墙体中间的裂缝,一条是从顶梁、右构造柱外边缘开始,另一条是从顶梁、右构造柱内边缘开始,在右上角中间两条裂缝重合,发展了 15 cm 后又分叉,最后在墙体中间又重合,缝宽分别为 0.6 mm、0.5 mm;在左下角也出现了 45° 斜裂缝,在左构造柱内边缘结束,缝长为 30 cm;在右构造柱距底梁 40 cm 处出现水平裂缝,向内墙扩展了 15 cm,此时顶点水平荷载为 146.1 kN。当向右的水平位移为 8.72 mm 时,在左上角已出现的斜裂缝上面增加了一条斜裂缝,这条裂缝是从左构造柱中间开始以 45° 方向发展了 24 cm,从钢筋应变的变化可以看出,除右构造柱外的其他纵筋都处于受拉状态,此时顶点水平荷载为 145.9 kN。当向左的水平位移为 10.65 mm 时,右上角的斜裂缝和左下角的斜裂缝接通,并且向左构造柱内扩展,从而形成向左下斜的通缝,此时顶点水平荷载为 155.6 kN。当反向加载位移为 10.45 mm 时,左上角最上边的斜裂缝向墙体中间扩展,再加上右下角的斜裂缝也在向右构造柱内扩展,这样就形成向右下斜的通缝,缝宽为 0.6 mm,这样左上角的锯齿裂缝被 45° 斜裂缝取代,从钢筋应变上发现,这次比上一个循环受拉纵筋的应变增大快。当向左的水平位移为 12.3 mm 时,右上角的锯齿形裂缝下发展了一条 45° 斜裂缝,同时右构造柱产生的第一条裂缝向内墙扩展了一小段。当向右的水平位移为 12.1 mm 时,在右下角沿锯齿斜裂缝的方向出现比较光滑的斜裂缝,此时通缝进一步加宽,顶点水平荷载为 138 kN;当向左的水平位移为 14.25 mm 时,顶点水平荷载为 12 kN,左侧的构造柱底部压酥;当反向水平位移为 13.95 mm 时,右构造柱根部压酥、脱落。

(3)HBW－3 墙。

HBW－3 墙破坏时的"X"形裂缝如图 3.8 所示。

在加载初期,骨架线呈直线,当荷载加到 80 kN 时,在砌体左上角开始

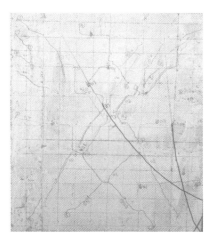

图 3.8 HBW－3 墙破坏时的"X"形裂缝

出现第一条 45°裂缝,长为 40 cm,宽为 0.2 mm,直到砌体构件中心,同时左构造柱侧面离底梁 45 cm 处出现宽 0.1 mm 的水平裂缝,并向正面发展,但裂缝很短。此时顶点水平位移为 3.82 mm;反向向左加载 80 kN 时,在构造柱中心线偏上 20 cm 的地方出现第二条裂缝,在砌体中心线离右边柱 30 cm 的地方终止,缝宽为 0.2 mm,缝长为 33 cm,右构造柱距底梁 53 cm 的地方出现宽 0.2 mm 的水平裂缝,此时顶点水平位移为 3.36 mm。骨架曲线弯曲明显,此后采用位移控制加载。

当向右位移为 6.49 mm 时,不断在第一条裂缝上有延伸,还出现新的裂缝,从离底梁 93 cm 左构造柱边沿开始,到离底梁 10 cm,离右构造柱 40 cm 的地方结束的锯齿形裂缝,缝宽为 0.3 mm,同时在左构造柱侧面与这条裂缝延伸的地方出现宽 0.2 mm 的水平裂缝,此时顶点水平荷载为 100 kN;当反向位移为 6.84 mm 时,右上角和左下角都出现 45°斜裂缝,缝宽都为 0.1 mm,上一条长 20 cm,到中心线处结束,下一条长 30 cm,到左构造柱内边沿和底梁连接处结束。进一步向左加载时,左上角的斜裂缝继续向右下角延伸,同时在这些裂缝旁边出现一些近似平行的新裂缝,这些裂缝有个共同点就是在中间会有竖向发展,发展到一定的方向就沿 45°向右下角发展;向左加载时,在中间出现新裂缝,将右上角和左下角的裂缝连接起来,同时构造柱侧面也出现几条新裂缝。值得一提的是:当向右位移为13.4 cm,也即是荷载为 120 kN 时,右边芯柱上部分屈服,当向左于13.79 mm 的位移加载时左芯柱上部分的钢筋屈服,其他钢筋都还没屈服,新形成的裂缝都没有沿灰缝发展,说明部分砌块已经破坏。

当向右加载位移为 19.63 mm 时,能明显听到“噼啪”的声音,在左构造柱上方并排出现 4 条斜裂缝,都是从边沿发展起来的,其中一条将构件上方出现的两条裂缝连起来(见图3.8),并向右下方发展,直接到底梁边沿离右构造柱外边沿 20 cm 的地方停止,缝宽为 0.8 mm,向右破坏的通缝基本形成,此时荷载为133.7 kN。当向左加载位移为 20 mm 时,墙上有灰块掉落,又有新裂缝形成,这些裂缝在将旧斜裂缝连接起来的同时,在这条裂缝旁边形成一条新裂缝,而且这条新裂缝的发展比旧裂缝快,且更宽,缝宽为1.0 mm,水平荷载为136.2 kN。当向右位移达到 23.5 mm 时,以前的裂缝变宽,斜主裂缝宽度为 2 mm,右构造柱根部混凝土出现压碎、剥落现象,左构造柱最外侧钢筋屈服,此时荷载为 107 kN;当反向位移为24.1 mm 时,右构造柱出现了几根新裂缝,砌体主裂缝变宽,右上角主裂缝处有灰块掉落,左构造柱根部混凝土压酥、剥落,右构造柱最外侧钢筋屈服。

(4)HBW－4。

HBW－4 墙破坏时的“X”形裂缝如图 3.9 所示。

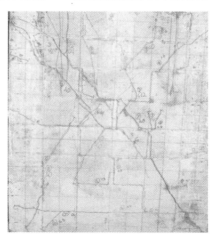

图 3.9　HBW－4 墙破坏时的“X”形裂缝

开始在左构造柱离底梁 15 cm 的地方出现第一条宽 0.2 mm、长

190 mm 的水平裂缝,同时在离底梁 20 cm 的地方,从构造柱边沿开始向内墙发展宽 0.1 cm、长 60 cm 的水平裂缝,顶点位移为 3.82 mm,此时侧构造柱下端纵筋应变为 1 109 $\mu\varepsilon$,上端应变变化不大;80 kN 受拉时,在右边构造柱离底梁 20 cm 处产生向内墙发展的宽为 0.1 mm、长 45 cm 的水平裂缝,在右构造柱离底梁 70 cm 的地方产生宽 0.1 mm 的小裂缝,顶点水平位移为 4.02 mm,右构造柱纵筋应变变化较大,水平筋开始有轻微的应变。从骨架曲线可以发现,从这点开始曲线斜率下降明显,右构造柱下端最外侧钢筋应变为 1 363 $\mu\varepsilon$。

在位移控制加载下,当水平位移为 5.8 mm 向右时,水平荷载为 90 kN,开始在砌体中间位置产生长 23 cm、宽 0.2 mm 的 45° 斜裂缝,左构造柱中间开始向右下方发展出一条宽 0.4 mm 的锯齿形裂缝,并在离底梁 20 cm、离右构造柱 38 cm 处与第二条裂缝相汇合;水平位移为 5.94 mm 向左时,水平荷载为 － 91 kN,在右构造柱离底梁 40 cm 的地方产生宽 0.2 mm、长 190 的通缝,在构造柱上方 25 cm 处,产生宽 1.0 mm、长 50 cm 的向左下方发展的 45° 斜裂缝,在墙中间偏下 20 cm 的地方产生一条宽 1.0 mm、长 35 cm 的向左下方发展的 45° 斜裂缝;已基本形成“X”形裂缝;继续向右加载到水平位移为 10.75 mm 时,水平荷载为 118 kN 在左构造柱上 30 cm 处产生斜裂缝,与中间产生的裂缝汇合,并向右下角贯通,基本形成由左上方向右下方发展的通缝,并伴有“噼啪”的声响,以直线的裂缝向下发展,说明部分砌块已经破坏,继续加载;当向右的位移为 13.38 mm 时,沿平行主斜裂缝方向出现多条裂缝,从构造柱开始到砌体中间结束,左构造柱有明显被拉的迹象,侧面已经形成的水平裂缝被拉宽,先前形成的锯齿裂缝变宽,此时荷载为 128 kN,增长较缓,出现较多的零散的小裂缝,右边芯柱上部钢筋已经屈服;反向加载至位移为 13.57 mm 时,荷载为 127 kN,灰块有脱落,伴有“噼啪”的声响,形成从构造柱开始向左下方的通缝,上半部分可近似为 45° 斜方向,下半部分就很陡,这是由于左构造柱压力更大,抗剪力大。

当向右位移加到 21.25 mm 时,右侧有一芯柱纵钢筋屈服,承载力下降得很快,荷载为 101.1 kN,裂缝变宽,再加上一些小裂缝;当反向加载位移为 21.21 mm 时,荷载为 98 kN,此时已经形成很突出的"X"形裂缝,整片墙小裂缝很多,由于荷载已经下降到极限荷载的 85% 以下,停止加载。砌体整体和局部破坏情况如图 3.9 所示。

(5)HBW－5。

HBW－5 墙破坏时的"X"形裂缝如图 3.10 所示。

图 3.10　HBW－5 墙破坏时的"X"形裂缝

加载到 80 kN 受压时,开始在离底梁 40 cm、距构造柱 55 cm 的地方出现一条长 20 cm、宽 0.2 mm 的竖直向下裂缝,同时在墙洞左下角出现一条竖向裂缝,缝宽 0.1 mm、长 5 cm,此时顶点水平位移为 2.03 mm,芯柱钢筋和构造柱上端纵筋应变没太大的变化,右构造柱下端纵筋应变较大,为 1 187 $\mu\varepsilon$,骨架曲线弯曲明显,从相反方向加载 80 kN 时,第一条裂缝向右下方以 20° 左右角度延伸了 13 cm,此时裂缝宽为 0.4 mm,在墙洞右下角有一条竖向短裂缝,缝宽 0.1 mm,顶点水平位移为 2.04 mm,左构造柱下端纵筋应变为 898 $\mu\varepsilon$。此后采用位移控制加载。

当顶点向左水平位移为 3.42 mm 时,首先在右构造柱侧面距底梁 50 cm 出现宽 0.1 mm 的水平裂缝,紧接着在构造柱正面距顶梁上边沿 50 cm 的地方出现宽 0.4 mm、长 20 cm 向洞口右下角发展的 45° 斜裂缝,同时在构造柱正面距底梁 20 cm 也有小裂缝,左窗间墙没出现裂缝,芯柱纵筋上部分应变有变化,右侧芯柱纵筋变大,左侧的有负值向正值变化的趋势,虽然现在还是负值,右构造柱外侧纵筋应变最大,几乎为开裂时应变的两倍,此时荷载为 91.4 kN;当顶点水平位移为向右 3.75 mm 时,左构造柱侧面出现 3 条水平裂缝分别位居底梁 40 cm、58 cm、67 cm 处,在左构造柱内边沿距底梁 92 cm 出现向洞左下角发展的宽为 0.2 mm、长 20 cm 的裂缝,根部还有长 15 cm 的小裂缝,此时荷载为 91.7 kN,右窗间墙没出现新裂缝。当向左水平位移为 11.27 mm 时,在墙洞下方出现一条大裂缝,从第一条裂缝顶点开始以锯齿形发展到距左构造柱 62 cm 的根部结束,缝宽 1.2 mm;在墙洞左下角处出现一条垂直裂缝,宽 0.4 mm、长 25 cm,左侧芯柱开始受拉,右侧芯柱受拉应变不大,此时荷载为 117.2 kN;当反向加载到位移为 11 mm 时,左窗间墙形成一条从构造柱外边沿、顶梁下 10 cm 处向墙洞左下角发展的裂缝,这条裂缝到离墙洞边沿 12 cm 的地方就竖直向下发展,到和墙洞下边同一高度又斜向下发展,到距构件中间 30 cm 处和上级荷载裂缝相交,缝宽为 1.4 mm,同时在墙洞右上角出现向右下角发展的 45° 裂缝,缝宽 0.8 mm、长 30 cm,在洞下边沿平行距墙洞右下角 19 cm 处出现向右下角发展的裂缝,先是比较陡,后以 45° 方向发展,到距构造柱外边沿 15 cm、底梁 25 cm 处结束,两芯柱都处于受拉状态。

当向左加载顶点水平位移为 13.37 mm 时,右窗间墙向左下方向的斜裂缝贯通,荷载为 124.5 kN,向左的极限荷载,芯柱和构造柱纵筋都没有屈服;当向右加载顶点水平位移为 12.72 mm 时,左窗间墙通缝形成向右下方的通缝,并在通缝旁边有平行裂缝,在右窗间墙也形成向右下方发展的裂缝,此时荷载为 126.4 kN,继续加载,当向左加载的位移为 16.38 mm 时,右窗间墙向左下方的通缝变宽,墙洞右下角砌块压酥,并有灰块掉落,右构造柱上的裂缝也都变宽,在左墙间墙上形成 X 形裂缝,虽然窗间墙下面也有很多裂缝,但都没有窗间墙上的宽、密,此时荷载为 101 kN,右芯柱纵筋应变比左边的大,且此时受拉构造柱上半部分的纵筋应变开始比下部分大,大概为两倍,当向右加载的位移为 17.3 mm 时,此时左芯柱纵筋应变变大,右边的变小,在右窗间墙形成"X"形裂缝,以前形成的裂缝变宽,此时荷载为 107 kN。当荷载下降到极限荷载的 85% 以下时,停止加载。最终破坏情况如图 3.10 所示。

（6）HBW－6。

HBW－6墙破坏时的"X"形裂缝如图3.11所示。

图 3.11　HBW－6墙破坏时的"X"形裂缝

HBW－6为两边构造柱、中间开洞的无水平配筋的砌体,截面尺寸为190 mm×1 600 mm,高宽比为0.875,竖向荷载为456 kN。设定向右加载为受压,向左为受拉。加竖向荷载后,构造柱和芯柱的纵筋都产生轻微的应变,首先加20 kN的水平荷载预加载一个循环,再从20 kN开始水平加载,加载初期,骨架曲线近似成直线。到70 kN受压时,在墙洞下边沿中间出现第一条锯齿形裂缝,一直到墙洞右边沿下的根部结束,缝宽为0.8 mm,墙洞右下角出现一条长10 cm、宽0.1 mm的竖向裂缝,左构造柱距底梁40 cm处出现宽为0.1 mm的水平裂缝,此时顶点水平位移为1.81 mm,骨架曲线弯曲明显;70 kN受拉时,右构造柱距底梁60 cm地方出现宽为0.1 mm的水平裂缝,在墙洞下出现以第一条裂缝上部分相交并和第一条裂缝关于砌体中线对称的裂缝,缝宽为0.7 mm,洞口左下角出现小的竖向裂缝,滞回曲线弯曲较大,水平位移为2.01 mm,此后以位移控制加载。

当水平向右位移为3.03 mm时,在左构造柱侧面距底梁61 cm、80 cm处出现两条水平裂缝,缝宽都为0.1 mm,在左窗间墙中间出现宽0.3 mm、长50 cm向墙洞左下角发展的斜裂缝,从纵筋应变不难发现左边芯柱上部受压,下部受拉,右边都受拉,此时荷载为80 kN;反向加载水平位移为 2.73 mm 时,右构造柱侧面距底梁 80 cm 的地方出现宽 0.1 mm 的水平裂缝,右边芯柱上面受压,下面受拉,左边芯柱受拉,此时荷载为 77.5 kN。当水平向右荷载为 5.65 mm 时,左边窗间墙上的裂缝向两侧延伸,上至构造柱边沿,下到墙洞左下角,形成通缝,在左构造柱正面出现两条水平裂缝,左构造柱根部出现向右上角发展的 45° 斜裂缝,在右窗间墙上出现从墙洞右上角出现向砌体右下角发展的裂缝,缝宽 0.4 mm、缝长 43 cm,在洞右下角到砌体右下角方向也有长 30 cm、宽 0.2 mm 的裂缝出现,此时荷载为 100 kN;当反向加载位移为 5.74 mm 时,在左窗间墙右上角出现斜向左下的宽 0.8 mm、长 100 cm 裂缝,到构造柱内边沿结束,墙洞右下角处也有 45° 左下发展的小裂缝此时荷载为 99 kN。当向右水平位移为 9.11 mm 时,左窗间墙形成向墙洞左下角发展的通缝,右窗间墙形成向砌体右下角发展的通缝,缝宽为 0.9 mm,此时荷载为 105 kN,从骨架曲线能看出这就是正向极限荷载,此后荷载下降;反向位移为 9.55 mm 时,右窗间墙形成从右上角向墙洞右下角发展的裂缝,快到墙洞右下角时改为竖向发展,终点和洞右下角的距离为 11 cm,形成明显的"X"形裂缝,在左窗间墙上通缝变宽,也形成"X"形裂缝。加载承载力开始下降,当向右加载时,右构造柱距底梁 92 cm 处出现新裂缝,主要是两窗间墙的主通缝变宽,右窗间墙的主裂缝特别明显,同时墙洞左下角、砌体右下角混凝土压酥、掉落。向左加载时在通缝旁边出现许多细裂缝,这些裂缝平行主裂缝方向发展,同时在墙洞右下角和砌体左下角有混凝土脱落。当向右的水平位移为 16.85 mm 时,顶点水平荷载为 85 kN,荷载已经到了极限荷载 85% 以下,正向停止加载;当向左的水平位移为 15.69 mm 时,此时荷载为 75 kN,也在极限 85% 以下,反向也停止加载。最后试件破坏情况如图 3.11 所示。

2. 试验结果分析

(1)墙体破坏比较分析。

①HBW－1 墙和 HBW－2 墙比较分析。

当水平荷载小于 100 kN 时,各墙体的位移和应变值都很小,墙体表现为弹性;当水平荷载达到开裂荷载时,墙体首先在构造柱底部出现水平裂缝,随着荷载的增大,构造柱其他位置也出现了水平裂缝,构造柱顶部的水平裂缝向内墙对角线方向延伸,同时在墙对角也出现这个方向的斜裂缝,在加载中这些裂缝不断向对角扩展,同时裂缝数量增多,直到对角出现主裂缝,墙体达到极限承载力,此时钢筋混凝土柱内纵筋应力不大;继续用变形控制加载,墙体水平承载力减小,荷载－位移曲线进入下降段,墙根部混凝土压酥脱落,破坏是由斜向主裂缝导致的,极限荷载时竖向钢筋没达到屈服,破坏时表现出剪压破坏的特征。

在多配水平钢筋的情况下,HBW－1 和 HBW－2 的开裂荷载差不多,极限荷载有很大的提高,从裂缝的发展可以看出前者的裂缝多而细,后者的少而宽,这主要是由于水平钢筋约束了裂缝的发展,进而更多地利用墙体的每一块砌块。

②HBW－3 墙和 HBW－4 墙比较分析。

当水平荷载小于极限荷载的 50% 时,各墙体的位移和应变值都很小,墙体表现为弹性;当水平荷载达到开裂荷载时,墙体首先在墙底出现水平裂缝,但随着荷载的增加,墙中部出现短小的斜裂缝,墙的刚度下降;继续增加水平荷载,墙中交叉斜裂缝不断向两对角延伸,裂缝数量增加,直到对角出现主裂缝,墙体达到极限承载力,此时钢筋混凝土柱内纵筋应力不大;继续用变形控制加载,墙体水平承载力减小,荷载－位移曲线进入下降段,墙根部混凝土压酥、脱落,破坏是由斜向主裂缝而导致,极限荷载时竖向钢筋没达到屈服,破坏时表现出剪压破坏的特征。

两片砌体结构构造唯一的不同就是 HBW－3 比 HBW－4 多配水平钢筋,从而在裂缝发展上有许多不同。墙内斜裂缝宽度较无筋砌体窄,裂缝数量较无筋砌体多,反映出水平钢筋对墙体抗侧承载力的明显贡献。

③HBW－5 墙和 HBW－6 墙比较分析。

当水平荷载小于极限荷载的 50% 时,各墙体的位移和应变值都很小,墙体表现为弹性;当水平荷载达到开裂荷载时,开窗洞墙体在窗角出现细微裂缝,墙体进入弹塑性阶段;随着墙体水平位移的增大,墙体裂缝逐渐贯通,构造柱开裂,墙体破坏。破坏形式主要表现为剪压破坏。

HBW－5 比 HBW－6 多配水平筋,破坏过程就会有差异。初始裂缝出现较晚,并且配水平筋后改变了墙体破坏时的裂缝分布,HBW－6 墙体破坏时裂缝数量少,主裂缝明显且裂缝相对较宽;加水平筋墙体破坏时的裂缝细而密,没有很明显的主裂缝。

④ 第一组(HBW—1和HBW—2)和第二组(HBW—3和HBW—4)的比较。

从破坏形态上能看出两组墙体在斜裂缝出现后荷载仍有较大的增长,并陆续出现其他斜裂缝,随着裂缝的逐渐增大,其中一条延伸较长、开展较宽的斜裂缝发展为临界斜裂缝,到达破坏荷载时,斜裂缝上端的混凝土被压碎,表现为剪压破坏的特征。

随着高宽比的增大,墙体的水平承载力逐渐减小,构造柱底部第一条水平裂缝出现得较早。

(2)墙体的承载能力分析。

开裂荷载和开裂位移[62]:根据国内外进行的砌体试验以及大量的文献资料,在试验过程中出现下列 3 种情况之一时的水平荷载即为初裂荷载:① 墙体上出现细微裂缝;② 荷载—位移曲线出现了明显拐点;③ 水平位移有显著的增大。此时的水平荷载即为开裂荷载,相应的位移就为开裂位移。两个加载方向的开裂荷载的平均值即为试件的开裂荷载。两个加载方向开裂位移的平均值即为试件的开裂位移。

极限荷载和极限位移[62]:墙体的极限荷载取为滞回曲线中各级加载步骤中荷载达到最大时的值,两个加载方向的极限荷载的平均值即为试件的极限荷载。两个加载方向极限荷载对应位移的平均值即为极限荷载时的位移。

破损位移[62]:墙体最大位移值,取荷载下降至极限荷载85%时对应的位移。

墙体强度试验结果见表3.4。

(3)滞回曲线。

试件每次循环加载中,荷载和试件相应变形之间的关系曲线形成了一个滞回环,多次循环加载后形成的一系列滞回环就构成了试件的滞回曲线[63]。墙体的滞回曲线可以全面描述墙体的非弹性性质,反映其抗震性能。各墙体的顶点水平位移—加载点荷载滞回曲线如图3.12所示。

表 3.4　墙体强度试验结果

墙体类型	墙体编号	配水平筋	开裂荷载 P_c/kN	开裂位移 Δ_c/mm	极限荷载 P_u/kN	破损位移 Δ_u/mm	P_c/P_u	高宽比	备注
1	HBW—1	有	100	2.01	183.5	17.41	0.54	1.4	无洞
	HBW—2	无	100	2.54	154.8	13.61	0.65		
2	HBW—3	有	70	2.52	140.5	21.83	0.50	2	无洞
	HBW—4	无	70	2.53	122.5	19.02	0.57		
3	HBW—5	有	80	2.03	121.5	15.9	0.66	0.875	有洞
	HBW—6	无	70	1.91	105.5	14.43	0.66		

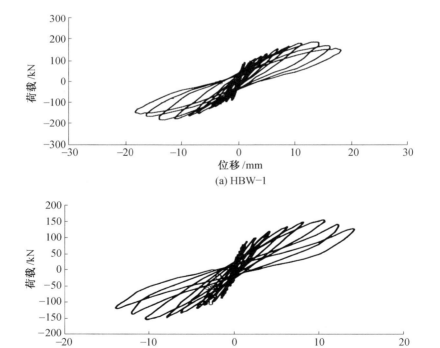

(a) HBW-1

(b) HBW-2

图 3.12　各墙体的滞回曲线

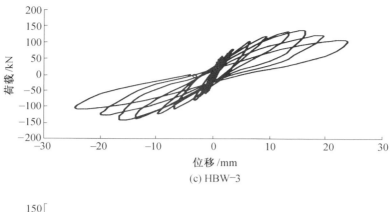

(c) HBW-3

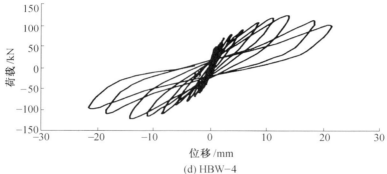

(d) HBW-4

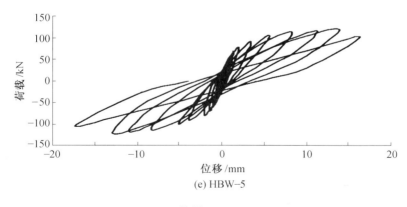

(e) HBW-5

续图 3.12

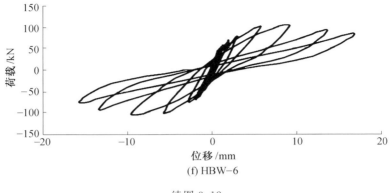

(f) HBW－6

续图 3.12

几乎所有墙体开裂之前,滞回环狭长,滞回面积很小,滞回曲线基本呈直线形状,加载和卸载刚度几乎保持不变,墙体处于弹性工作状态。墙体开裂后,随着位移的增大,墙体裂缝进一步增大,滞回曲线开始出现明显的弯曲,滞回环的形状也由直线向梭形和弓形转换,具有明显的"捏缩"效应,墙体处于弹塑性工作状态。达极限承载力后,随着位移的进一步增加,承载力下降,裂缝变宽,并有混凝土块压酥,墙体刚度开始下降,滞回环的形状由梭形和弓形向反 S 形转换,说明墙体有滑移,剪力墙的有效塑性变形能力逐渐衰弱,滞回面积增大,墙体处于塑性工作状态。

从 HBW－1 与 HBW－2、HBW－3 与 HBW－4、HBW－5 与 HBW－6 的比较可以看出:

① 加配水平钢筋墙体的滞回曲线更加饱满,中部的"捏拢"现象也相对较轻,究其原因,主要是因为在墙体屈服以后,无水平筋的墙体裂缝范围较小,但裂缝宽度较大,同时还产生了比较大的滑移,而有水平配筋的墙体由于水平筋的存在,能够抑制墙体的裂缝宽度、滑移及剪切变形的影响,从而使其裂缝分布范围较广,裂缝宽度较小,滑移相对较小,因此其耗能能力有较大的提高。

② 加配水平筋的墙体在加载后期向反"S"形转化越不明显,墙体滑移越小,但由于承载力加大,同时更饱满,以致滞回面积反而增大。

从 HBW－1 与 HBW－3、HBW－2 与 HBW－4 可以看出随着高宽比的增大,滞回曲线要更加饱满,第二组墙体滞回曲线在中间的"捏拢"现象没有第一组的明显,第一组在加载后期向"S"形转化也更明显,再加上承载力更高,整个滞回面积更大。

试体的水平荷载－位移曲线在正反两个方向的峰值荷载、水平位移、强度退化方面表现出一定的非对称性,这可能是由于试体的变形滞后特性,以及轴向压力不完全对中等多方面原因造成的。

(4)骨架曲线。

反复循环荷载试验中,骨架曲线是指荷载－变形滞回曲线中各次循环(正向或反向)达到峰值点的轨迹[63.64],可大体反映试件在加载过程中的强度变化和延性特点,因此可以定性地比较和衡量试件的抗震性能。根据各级位移下正反方向水平荷载的平均值绘制了各试件的对比骨架曲线,如图 3.13 所示。

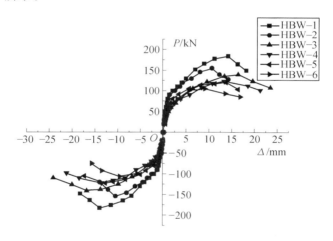

图 3.13　各试件的对比骨架曲线

从骨架曲线图可以看出:

① 骨架曲线在开裂荷载之前基本保持一条直线,试件处于弹性状态;开裂荷载之后骨架曲线开始出现拐点,试件处于弹塑性状态;达到极限荷载之后骨架曲线又开始下降,表现出明显的刚度退化和承载力下降,试件处于塑性阶段。

② 各试件的骨架曲线下降段都比较平缓,具有良好的延性,特别是荷载下降到 85% 的极限荷载时,试件仍然具有一定的变形能力和承载力,由

于竖向荷载很大,从而裂缝的摩擦就很大,所以当试件沿着主裂缝往复滑移时,靠裂缝之间的摩擦力来承受水平荷载。

③ 从同一组的两片墙体的比较可以看出,加配水平筋的骨架曲线在开裂荷载之前几乎是重合的,从开裂荷载开始分离,加配水平筋的在上方,而且随着加载的继续,两曲线的竖向差值越来越大,从而表现出更强的承载力,极限位移也较大。加配水平筋的下降段比较短,这主要是由于水平钢筋屈服后刚度下降速度加快导致的。

④ 对比不同组的同一类型的墙体可以发现,随着高宽比的增大,骨架曲线就越靠近位移轴,也就是说随着高宽比的增大,刚度下降,承载力下降,但延性提高了。

（5）延性。

在结构抗震性能中,延性是一个重要的指标,通常用极限位移和屈服位移的比值来表示,称为延性系数。延性系数分为曲率延性系数和位移延性系数[65],而位移延性系数又可分为角位移延性系数和线位移延性系数等。本试验采用线位移延性系数。

通常用位移延性系数即极限位移与屈服位移比 $\mu = \Delta_u / \Delta_y$ 来表示结构或构件的延性。Δ_u 为极限位移,取水平承载力下降到试件最大抗力的 85% 时柱顶相应位移;Δ_y 为屈服位移。从延性系数的定义可知,确定延性系数的关键是确定屈服位移和极限位移。当骨架曲线上有明显的拐点时,这一工作并不困难,而当骨架曲线上没有明显的拐点时,就需要用一些近似的方法来确定屈服位移。对于本试验由于没有明确的屈服点,就不能直接看出来。屈服点的确定方法有[66]拐点法、等能量法、派克法和图解法。本试验采用图解法,如图 3.14 所示。屈服点确定过程为作直线 OA 和曲线初始段相切,与过 U 点的水平线交于 A 点,作垂线 AB 与曲线交于 B 点,连接 OB 并延伸与水平线交于 C 点,作垂线得 Y 点,则 Y 点就是屈服点,其对应的位移即为屈服位移。

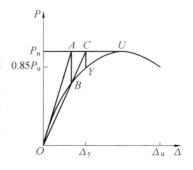

图 3.14　采用图解法确定屈服点

采用上述方法后得到的各墙体的屈服荷载、屈服位移、极限位移、延性比见表 3.5(得到的屈服荷载、屈服位移、极限位移都是由正反方向得到数据的平均值)。

表 3.5 各试件屈服荷载、屈服位移、极限位移、延性比

墙体类型	墙体编号	配水平筋	屈服荷载 P_y/kN	屈服位移 y/mm	极限位移 u/mm	延性比(λ) Δ_u/Δ_y	高宽比	备注
第一组	HBW—1	有	118.6	4.07	17.41	4.27	1.4	无洞
	HBW—2	无	109.5	3.67	13.61	3.71		
第二组	HBW—3	有	87	4.26	21.83	5.12	2	无洞
	HBW—4	无	80	4.2	19.02	4.52		
第三组	HBW—5	有	89	3.13	15.9	5.08	0.875	开洞
	HBW—6	无	81	3.1	14.43	4.65		

分析上表数据可以得到以下结论:

① 从同一组墙体的比较可以看出,加配水平筋提高了墙体的延性,但提高的程度有很大的差异。第一组提高了 15%,第二组提高了 13.2%,第三组提高了 9.2%,从前两组的比较可以看出,加配水平筋能提高墙体的延性,但随着高宽比的增大,水平筋在提高延性方面做的贡献减小。开洞墙体加配水平筋也能提高延性,但提高的幅度较小。

② 从第一组和第二组可以得出结论:随着高宽比的增大,试件的延性增大,而从这个结论就可认为对于和第三组同高宽比无洞的试件的延性应该比第一组小,但开洞的第三组得到的延性和第二组相当,所以可以看出开洞能提高墙体的延性。开洞后的墙体的上部分有点像框架结构,而框架结构的延性比砌体好。

(6)能量耗散。

能量耗散是指结构或构件在地震作用下发生塑性变形、吸收能量的能力。结构的抗震能力主要在于结构的耗能能力。构件的能量耗散能力,应以荷载—变形滞回曲线所包围的面积来衡量。本节采用 JacbosNo 提出的等效黏滞阻尼系数 ξ_e[67] 来表示构件的耗能能力(图 3.15),黏滞阻尼系数越大,则变形的耗能越大,越有利于抗震。其计算方法如下:

$$\xi_e = \frac{S_{FAE} + S_{ECG}}{2\pi(S_{\triangle AOB} + S_{\triangle COD})} \tag{3.1}$$

式中　S_{FAE}、S_{ECG}——滞回曲线与 x 轴所包围的面积；

　　　　$S_{\triangle AOB}$、$S_{\triangle COD}$——$\triangle AOB$、$\triangle COD$ 的面积。

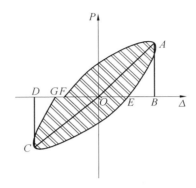

图 3.15　等效黏滞阻尼系数计算方法

根据式(3.1)得各片墙体在开裂荷载、极限荷载和破坏荷载循环时的黏滞阻尼系数,见表 3.6。

表 3.6　各试件黏滞阻尼系数 ξ_e

墙体类型	墙体编号	配水平筋	开裂状态/%	极限状态/%	破坏状态/%	高宽比	备注
第 1 组	HBW－1	有	7.2	16.3	16.02	1.4	无洞
	HBW－2	无	6.87	14.81	14.32		
第 2 组	HBW－3	有	8.3	17	17.5	2	无洞
	HBW－4	无	8.12	15.7	15		
第 3 组	HBW－5	有	10.5	16.8	16.6	0.875	有洞
	HBW－6	无	8.7	15.2	14		

从表 3.6 所示数据可以看出:

①HBW－3 的黏滞阻尼系数从开裂状态、极限状态到破坏状态是逐渐增大的,说明耗能能力随着侧向变形的增大而逐渐增强,对于另几个试件可以看出随着位移的增加,黏滞阻尼系数也随着增大,临近破坏时开始下降。这主要是因为临近破坏时墙体表现的滑移比较严重,裂缝间骨料的咬合作用受到一定程度的削弱,试件的耗能相对减小,因而黏滞阻尼系数有所降低。

② 从同一组的两片墙的比较可知,配置水平钢筋的墙体黏滞阻尼系数也相应增大。这主要有两方面的原因:水平钢筋的变形本身就消耗了能量;配有水平钢筋的墙体整体性更好,不容易发生滑移或减少了滑移,使滞回环更加饱满,从而能更有效地消耗能量。

③ 从不同组的比较可以发现黏滞阻尼系数随着高宽比的加大而增大。这主要是因为高宽比越大,所含弯曲破坏的成分就越多,滞回环就越饱满。

(7)骨架曲线的归一化。

对骨架曲线有一定影响的因素很多,为了得到统一的骨架曲线,取试件骨架曲线的平均值,分别以试件的开裂荷载、屈服荷载、极限荷载、破损荷载 4 个状态的力和位移为曲线控制点,以无量纲的 P/P_u 为纵坐标,Δ/Δ_u 为横坐标,得到归一化的四折线骨架

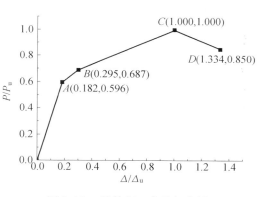

图 3.16　墙体归一化骨架曲线

曲线,如图 3.16 所示,并分别定义线刚度,K_0、K_1、K_2 与 K_3 为各段的斜率。

如图 3.16 所示,骨架曲线分 3 个工作阶段:

① OA 段为弹性阶段,弹性阶段的方程为 $P/P_u = 3.275\Delta/\Delta_u$,$\Delta/\Delta_u < 0.182$。试件在开裂前刚度近似为恒定值,线段 OA 斜率定义为骨架的初刚度 K_0,则 $K_0 = 3.275$。

② AB 段为弹塑性阶段,弹塑性阶段的方程为 $P/P_u = 0.596 + 0.806\Delta/\Delta_u$,$0.182 < \Delta/\Delta_u < 0.295$。从试件出现裂缝到屈服,试件裂缝不断增多,刚度逐渐下降,线段 AB 斜率为刚度 K_1,则 $K_1 = 0.806$。

③ BC 段为塑性阶段,方程为 $P/P_u = 0.687 + 0.444\Delta/\Delta_u$,$0.295 < \Delta/\Delta_u < 1.000$。裂缝显著发展,刚度下降加快,此线段的斜率即为刚度 K_2,则 $K_2 = 0.444$。

④CD 段为下降段,方程为 $P/P_u = 1.000 - 0.445\Delta/\Delta_u$,$1.000 < \Delta/\Delta_u < 1.334$。此时构件达到极限荷载后承载力开始降低,刚度 K_3 为负值(即线段 CD 的斜率),则 $K_3 = -0.445$。

(8) 刚度退化。

在高层结构延性破坏中,往往是由于刚度退化而引起的失稳破坏,因此试件刚度的研究也显得很重要。墙体单元随着位移的增大而割线刚度不断下降,这种力学现象称为刚度退化。从滞回曲线可以看出,刚度与位移及循环的次数有关,随着位移的增大而降低。由于砌体试件的刚度离散性较大,所以采用正反两方向的两坐标绝对值和的商作为计算刚度[67]。计算式如下:

$$K_i = \frac{|P_i| + |-P_i|}{|\Delta_i| + |-\Delta_i|} \tag{3.2}$$

式中　　K_i—— 第 i 级荷载下的刚度;

　　　　P_i、$-P_i$—— 第 i 级正反顶点水平荷载值;

　　　　Δ_i、$-\Delta_i$—— 第 i 级荷载下顶点正反两方向的水平位移。

各试件的刚度退化如图 3.17、图 3.18 所示。

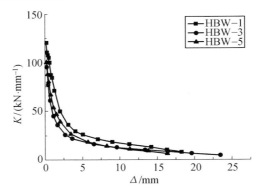

图 3.17　HBW－1、HBW－3 和 HBW－5 刚度对比

① 从各个曲线的刚度退化过程可以看出一些共同的特征。开始加载时刚度都较大,从开始加载到构件屈服,构件的刚度退化较大,下降较快。在开裂荷载之前虽处于弹性阶段,但由于初始刚度较大,再加上微裂缝的形成和发展,从而水平位移较小的变化就能引起刚度较大的退化;在开裂

荷载到屈服阶段,退化较上段更加激烈,这主要是由于试件裂缝的形成与发展。其次,从试件出现明显的屈服特征直到极限荷载,这一阶段主裂缝逐步形成,刚度进一步下降,但是越到后期下降得越缓慢,这是由于主裂缝形成贯通后,次生裂缝进一步发展所致,此时刚度退化比较稳定。

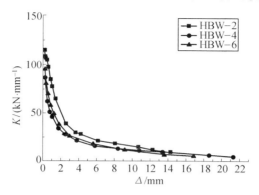

图 3.18 HBW−2、HBW−4 和 HBW−6 刚度对比

② 从同组的两片墙的比较可以看出,在开裂荷载之前刚度退化没有太大的区别,但过后就开始分叉,加配水平钢筋的墙体刚度退化稍微缓慢点,而且最后的刚度也大于没加水平筋的墙体。这主要是因为在没有形成明显的裂缝之前水平筋没有起什么作用,开裂才开始逐渐通过约束裂缝的开展,提高了墙体的整体性,提高墙体的刚度。

③ 从不同组的同类型的墙体比较可以发现,随着高宽比的增大,初始刚度下降,但刚度退化速度减小,如 HBW−2 和 HBW−4 的比较,到 HBW−2 最后位移下的刚度就较同位移下的 HBW−4 小。从第二组和第三组的比较可知,第二组墙体的刚度退化特别不均匀,在屈服荷载之前退化很激烈,但过后就很缓慢了,第三组虽在屈服之前退化也很大,但比第二组缓和点,之后一直保持了一定的退化速率。

3.2 墙体动力特性有限元分析

本部分通过 ANSYS 有限元建模分析了 6 片配筋混凝土空心砌块砌体剪力墙的动力性能,主要包括配筋砌块砌体剪力墙的周期、振型、谐响应、延性等。

3.2.1　有限元法分析问题和求解的步骤[68]

对于不同物理性质和数学模型的问题,有限元求解法的基本步骤是相同的,只是具体公式推导和运算求解不同,有限元求解问题的基本步骤如下:

第一步,问题及求解域定义。根据实际问题近似确定求解域的物理性质和几何区域。

第二步,求解域离散化。将求解域近似为具有不同有限大小和形状且彼此相连的有限个单元组成的离散域,习惯上称为有限元网络划分,显然单元越小则离散域的近似程度越好,计算结果也越精确,但计算量及误差都将增大,因此求解域的离散化是有限元法的核心技术之一。

第三步,确定状态变量及控制方法。一个具体的物理问题通常可以用一组包含问题状态变量边界条件的微分方程式表示,为适合有限元求解,通常将微分方程转化为等价的泛函形式。

第四步,单元推导。对单元构造一个适合的近似解,即推导有限单元的列式,其中包括选择合理的单元坐标系,建立单元试函数,以某种方法给出单元各状态变量的离散关系,从而形成单元矩阵(结构力学中称刚度阵或柔度阵),为保证问题求解的收敛性,单元推导有许多原则要遵循,对工程应用而言,重要的是应注意每一种单元的解题性能与约束。

第五步,总装求解。用单元总装形成离散域的总矩阵方程反映对近似求解域的离散域的要求,即单元函数的连续性要满足一定的连续条件。总装是在相邻单元结点进行,状态变量及其导数连续性建立在结点处。

第六步,联立方程组求解和结果解释。有限元法最终形成联立方程组,联立方程组的求解可用直接法、迭代法和随机法。求解结果是单元结点处状态变量的近似值。对于计算结果的质量,将通过与设计准则提供的允许值比较来评价并确定是否需要重复计算。

3.2.2　基本假定

目前国内外对砌块砌体进行有限元分析大多以弹性线性分析为主,而事实上,砌块砌体是由砌块和砂浆组成的,属材料非线性问题,因此只有通过非线性有限元分析,才能得到砌体在荷载作用下,从弹性阶段到开裂再进入塑性阶段,最后得到破坏的全过程结果。下面通过对低周反复荷载作用下的非线性有限元计算,分析不同类型试件在荷载作用下的动力和位移变化规律,并将有限元的计算结果与试验结果进行比较分析[69]。

为便于分析,做如下基本假定:

(1)单元处于平面应力状态。

(2)混凝土砌块砌体与芯柱混凝土黏结可靠,砌块墙体与构造柱和顶梁为共同工作的整体。

(3)砌块的孔洞是几何规则的,即砌块的坐浆面与铺浆面的洞口是大小一样的方形洞口尺寸为 130 mm×130 mm。

(4)在砌体受压过程中,灰缝砂浆所起的作用很小,可忽略不计。

(5)砌体材料为匀质材料,砌体的力学模型与混凝土相同。

(6)钢筋和混凝土之间黏结良好,不发生滑移。

(7)顶梁的上表面和侧面各加了一片 30 mm 的钢板,以防止加载时的应力集中。

3.2.3　有限元模型的建立

1. 有限元模型选择

砌体是由砌块和砂浆两种性质完全不同的材料组成的,如何处理这两种材料的关系,是正确分析砌体结构的关键,处理方法有两种:

(1)分离式模型把砂浆和砌块分开考虑,即认为砌体是一种弹性块体嵌入非弹性的砂浆基材的两相非匀质材料,这种方法要求了解砌块和砂浆之间的黏结关系,但这方面的试验研究工作还远远不能满足理论分析的要求,而且这样一个模型无疑会使分析复杂化。

(2)整体式模型中砂浆弥散于整个单元中,将单元视为均匀连续体,不考虑块体与砂浆间的相互作用,视砌体为均匀各向同性(或各向异性)连续体,根据砌体名义应力、应变建立本构方程,整体式模型必须能够体现砌体沿材料主轴的拉、压强度,非线性及各种应力状态下的性能。建立整体式模型的另一优点是把砌块和砂浆统一考虑,这样就可通过试验测得的弹性模量、泊松比等表示砌体结构的特性,进行有限元分析,本节采用整体式模型方法。

2. 芯柱混凝土与砌块的固接处理

本节对芯柱混凝土与砌块的连接采用固接处理,其优点如下:

(1)复合墙体模型变得比较简单,计算时间较少,容易收敛。

(2)在设置混凝土与砌块的本构模型时考虑了裂缝的处理。

所以,固接处理不仅可以真实地模拟混凝土与砌块之间在出现裂缝前的三维应力状况,还可以模拟二者在出现裂缝后法向只受压不受拉和切向存在摩擦力的受力特点。

3. 单元的选取

在 ANSYS 程序中并没有专门模拟砌体材料的单元,采用 ANSYS 自带的专门为混凝土设计的 solid65 单元,该单元是适用于混凝土、岩石等抗压能力远大于抗拉能力的非均匀材料的单元,单元有 8 个节点,每个节点在空间坐标上有 3 个自由度,分别沿着 x、y、z 轴方向,单元在 3 个正交方向可以发生塑性变形、开裂和压碎,在 ANSYS 程序设计时,对混凝土 solid65 单元采用了以下基本假定:

(1)在每一个节点处允许沿 3 个垂直方向开裂。

(2)在开裂节点处用连续的裂缝带代替离散的裂缝。

(3)混凝土为各向同性材料。

(4)在混凝土开裂和压碎之前,混凝土具有塑性特征。

这种单元假定材料各向同性,可以在 3 个正交方向的积分点开裂。

4. 单元格划分

单元格划分长度为 100 mm,宽度为 95 mm,高度为 100 mm,即砌块长度方向划分为 4 个单元,宽度方向划分为 2 个单元,高度方向划分为 2 个单元。

5. 本构关系

砌体受压本构关系是描述砌体受压应力－应变的数学表达式,由于得出砌体受压本构关系的过程中带有经验性和某些假定,因此不同的研究人员可能会得到不同的本构关系。多年来,国内外学者在这方面做了大量工作,提出了许多本构关系表达式,但由于材料、施工、试验等的变异性,设计和分析理论的各种要求,使得如何较好地用公式来表达砌体受压应力 — 应变全曲线仍值得研究[70]。根据已有的试验资料,并借鉴朱伯龙型应力 — 应变曲线的表达式[71],得出应力 — 应变曲线在上升阶段和下降阶段的表达式见式(3.3)和(3.4)[72]

当 $\varepsilon \leqslant \varepsilon_0$ 时:

$$\frac{\sigma}{f_{\mathrm{m}}} = \frac{\dfrac{\varepsilon}{\varepsilon_0}}{0.2 + 0.8\dfrac{\varepsilon}{\varepsilon_0}} \tag{3.3}$$

当 $\varepsilon > \varepsilon_0$ 时:

$$\frac{\sigma}{f_{\mathrm{m}}} = 1.2 - 0.2\frac{\varepsilon}{\varepsilon_0} \tag{3.4}$$

其中,$\varepsilon_0 = 0.002$;f_{m} 取试验中砌体抗压强度平均值。

6. 破坏准则

砌块是一种具有多孔结构的人造石材,其内部均匀地分布着无数微小的气孔,其力学性能与普通混凝土相似,但是质更"脆",本节仍采用混合强化 Mises 模式和 William—WarNke5 参数破坏准则分析轻质砌块的弹塑性行为(与普通混凝土相同)。

7. 收敛准则

非线性求解采用 Newton—Raphson 迭代法,收敛判断采用力与位移相结合的收敛准则。Newton—Raphson 迭代法可以克服直接迭代法中随着每一步荷载增量而导致误差积累的问题,它可以迫使在每一个荷载增量的末端解达到平衡收敛,在每次求解前,Newton—Raphson 迭代法估算出残差矢量,这个矢量是回复力对应于单元应力的荷载和所加荷载的差值,然后使用非平衡荷载进行线性求解,且核查求解结果的收敛性。如果不满足收敛准则,重新估算非平衡荷载,修改刚度矩阵,获得新解,持续这种迭代过程直到计算结果收敛[73]。

3.2.4 ANSYS 动力模态分析

1. 结构固有振动特性分析

在 ANSYS 中,结构的固有振动特性又称为模态分析。模态分析在动力学分析过程中是必不可少的一个步骤。在谐响应分析、瞬态动力分析过程中均要求先进行模态分析才能进行其他步骤。模态分析用于确定设计机构或机器部件的振动特性（固有频率和振型），即结构的固有频率和振型，它们是承受动态荷载结构设计中的重要参数。同时，也可以作为其他动力学分析问题的起点，例如瞬态动力学分析、谐响应分析和谱分析。其中模态分析也是进行谱分析或模态叠加法谱响应分析或瞬态动力学分析所必需的前期分析过程。

ANSYS 的模态分析可以对有预应力的结构进行模态分析和循环对称结构模态分析。前者有旋转的涡轮叶片等模态分析，后者则允许建立一部分循环对称结构的模型来完成对整个结构的模态分析。

2. 模态提取方法

典型的无阻尼结构自由振动的运动方程如下：

$$[\boldsymbol{M}]\{\ddot{\boldsymbol{X}}\} + [\boldsymbol{K}]\{\boldsymbol{X}\} = \{\boldsymbol{0}\} \tag{3.5}$$

式中　　$[\boldsymbol{M}]$——质量矩阵；

　　　　$\{\ddot{\boldsymbol{X}}\}$——刚度矩阵；

　　　　$[\boldsymbol{K}]$——加速度向量；

　　　　$\{\boldsymbol{X}\}$——位移向量；

如果令 $\{\boldsymbol{X}\} = \{\boldsymbol{\varphi}\}\sin(\omega t + \varphi)$，则有：$\{\ddot{\boldsymbol{X}}\} = -\omega^2\{\boldsymbol{\varphi}\}\sin(\omega t + \varphi)$，代入运动方程，可得

$$([\boldsymbol{K}] - \omega^2[\boldsymbol{M}])\{\boldsymbol{\varphi}\} = \{\boldsymbol{0}\}$$

上式称为结构振动的特征方程，模态分析就是计算该特征方程的特征值 ω_i 及其对应的特征向量 $\{\boldsymbol{\varphi}_i\}$。

3. 模态分析方法

ANSYS 提供了 7 种模态分析方法，它们分别是子空间法、分块 LaNczos 方法、Power DyNamics 方法、缩减法、非对称法、阻尼法和 QR 阻尼法。其中主要使用的是子空间法、分块 LaNczos 方法、缩减法 3 种。下面对 3 种模态分析方法进行简单的介绍。

（1）子空间法。

子空间法使用子空间迭代技术，内部使用广义 Jacobi 迭代算法，采用完整

的质量、刚度矩阵,精度很高(计算速度相对较慢)。子空间法常用于精度要求高,但无法选择主自由度的情形,特别适用于大型对称特征值求解问题。

（2）分块 LaNczos 法。

分块 LaNczos 法采用 LaNczos 算法,使用了稀疏矩阵求解器(快于其他任何求解器),计算某系统特征值谱所包含的一定范围的固有频率时,采用分块 LaNczos 法提取模态特别有效。

（3）缩减法。

缩减法采用 HBI(Householder 二分逆迭代)算法来计算特征值和特征向量,采用一个较小的自由度子集(即主自由度)来求解,计算速度非常快。但是由于简化的自由度子集矩阵是近似的,因此精度较低且受到主自由度数目及其位置的限制。

本节的模态分析采用的是分块 LaNczos 法,通过提取配筋混凝土小型空心砌块剪力墙的前 6 阶频率和振型,为下面的动力分析做好准备。

4.6 片墙体周期与振型分析

表 3.7 给出了 6 片墙体的前 6 个周期和每个周期对应的最大位移。由表 3.7 可以看出,配筋混凝土小型空心砌块剪力墙结构体系的各个周期较普通剪力墙结构体系相应振型的周期长,可见配筋混凝土小型空心砌块剪力墙结构比普通的剪力墙结构的抗侧刚度小,这对抗震是有利的。

表 3.7　6 片墙体的前 6 个周期和每个周期对应的最大位移

| 振型 | HBW－1 | | HBW－2 | | HBW－3 | | HBW－4 | | HBW－5 | | HBW－6 | |
	周期 T/s	最大位移 DMX /mm	周期 T/s	最大位移 DMX /mm	周期 T/s	最大位移 DMX /mm	周期 T/s	最大位移 DMX /mm	周期 T/s	最大位移 DMX /mm	周期 T/s	最大位移 DMX /mm
1	0.811	0.062	0.812	0.062	1.027	0.063	1.028	0.063	0.800	0.061	0.801	0.801
2	0.336	0.090	0.336	0.090	0.348	0.088	0.348	0.088	0.498	0.081	0.499	0.081
3	0.172	0.056	0.172	0.056	0.224	0.059	0.224	0.059	0.216	0.061	0.216	0.061
4	0.139	0.069	0.139	0.069	0.173	0.065	0.173	0.065	0.186	0.090	0.186	0.090
5	0.097	0.096	0.097	0.096	0.105	0.099	0.105	0.099	0.134	0.088	0.134	0.088
6	0.091	0.102	0.092	0.101	0.076	0.045	0.076	0.045	0.124	0.071	0.124	0.071

图 3.19、图 3.20 分别给出了不开洞和开洞墙体的前 6 阶振型。

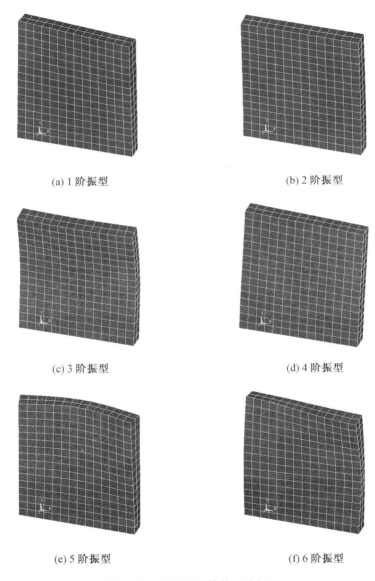

(a) 1 阶振型　　　　　　　　　　　(b) 2 阶振型

(c) 3 阶振型　　　　　　　　　　　(d) 4 阶振型

(e) 5 阶振型　　　　　　　　　　　(f) 6 阶振型

图 3.19　不开洞墙体前 6 阶振型

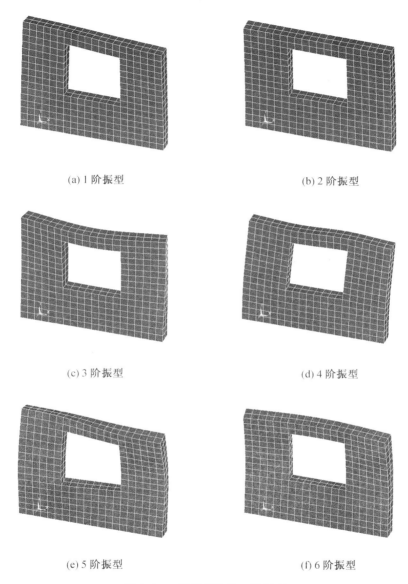

(a) 1 阶振型   (b) 2 阶振型

(c) 3 阶振型   (d) 4 阶振型

(e) 5 阶振型   (f) 6 阶振型

图 3.20　开洞墙体前 6 阶振型

不开洞墙体的 1 阶振型是 z 方向的竖向弯曲,2 阶振型是绕 y 轴的扭转,3 阶振型是 x 方向的竖向弯曲,4 阶振型是 z 方向的对称弯曲,5 阶振型是绕 y 轴的非对称扭转,6 阶振型是绕 y 方向的对称扭转。

开洞墙体的 1 阶振型是 z 方向的竖向弯曲,2 阶振型是绕 y 轴的扭转,3 阶振型是 x 方向的竖向弯曲,4 阶振型是 y 方向的对称弯曲,5 阶振型是绕 z 方向的对称扭转,6 阶振型是绕 y 方向的对称扭转。

比较振型可知 HBW－1、HBW－2、HBW－3、HBW－4 这 4 面墙体的前 6 阶振型的形式是相同的,而带洞的 HBW－5、HBW－6 两片墙体的第 4 和第 5 阶振型与前 4 面墙体的第 4 和第 5 阶振型的形式不同,其余 4 阶振型的形式不同。经分析,振型形式不同的原因是 HBW－5 和 HBW－6 两片墙体中间开洞所致,开洞使构件的刚度和质量分布发生了变化,从而导致了构件振型的变化。

3.2.5　ANSYS 动力谐响应分析

1. 结构固有振动特性分析

持续的周期荷载作用于结构或部件上都产生持续的周期响应。谐响应分析用于确定线性结构在随时间以正弦规律变化的荷载作用下的稳态响应,从而得到结构部件的响应随频率变化的规律。

2. 谐响应提取方法

在周期变化荷载作用下,结构将以荷载频率做周期振动。周期荷载作用下的运动方程如下:

$$[M]\{\ddot{X}\} + [C]\{\dot{X}\} + [K]\{X\} = \{F\}\sin\theta t \qquad (3.6)$$

式中　$[C]$——阻尼矩阵;

　　　$\{F\}$——简谐荷载的幅值向量;

　　　θ——激振力的频率;

　　　$\{x\}$——位移响应,表示为

$$\{X\} = \{A\}\sin(\theta t + \varphi)$$

式中　$\{A\}$——位移幅值向量,与结构固有频率 ω 和荷载频率 θ 以及阻尼
　　　　　　$[C]$ 有关;

φ—— 位移响应滞后激励荷载的相位角。

结构的其他响应可以通过位移响应求出。

3. 谐响应分析方法 —— 模态叠加法

模态叠加法通过对模态分析得到的振型(特征向量)乘上因子并求和来计算出结果的响应。它的优点是:

① 对于许多问题,此法比 Reduced 或完全法更快且开销小。

② 可以使解按结构的固有频率聚集,这样便可产生更平滑、更精确的响应曲线图。

③ 可以包含预应力效果。

④ 允许考虑振型阻尼(阻尼系数为频率的函数)。

4.6 片墙体的动力谐响应分析

由图 3.21 和图 3.22 可以得到,当对墙体 HBW－1 和 HBW－2 施加 x 方向的荷载激励且荷载的频率为 5.8 Hz 时,墙体出现了大的位移响应,此时墙体的第 3 阶振型正好是 x 方向转动,所以出现了共振,应避免其在 x 方向出现频率为 5.8 Hz 的简谐荷载。

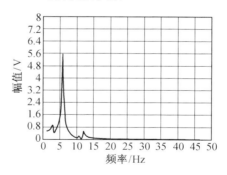

图 3.21 HBW－1 在 x 方向激励下的谐响应

由图 3.23 和图 3.24 可以得到,当对墙体 HBW－3 和 HBW－4 施加 x 方向的荷载激励且荷载的频率在 4.5 Hz 时,墙体出现了大的位移响应,此时墙体的第 3 阶振型正好是 x 方向转动,所以出现共振,应避免其在 x 方向出现频率为 4.5 的简谐荷载。

由图 3.25 和图 3.26 可以得到,当对墙体 HBW－3 和 HBW－4 施加 x 方向的荷载激励且荷载的频率在 4.6 Hz 时,墙体出现了大的位移响应,

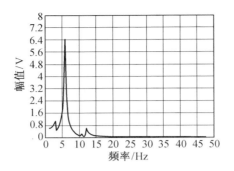

图 3.22　HBW－2 在 x 方向激励下的谐响应

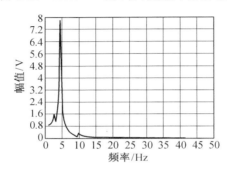

图 3.23　HBW－3 在 x 方向激励下的谐响应

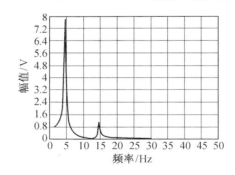

图 3.24　HBW－4 在 x 方向激励下的谐响应

此时墙体的第 3 阶振型正好是 x 方向转动,所以出现共振,应避免其在 x 方向出现频率为 4.6 Hz 的简谐荷载。

通过对以上 6 面墙体的谐响应分析,为今后的配筋砌块剪力墙的设计提供了设计依据,从而能够避免结构共振的发生。

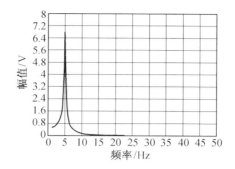

图 3.25 HBW－5 在 x 方向激励下的谐响应

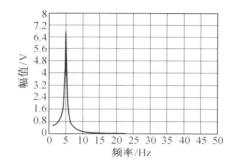

图 3.26 HBW－6 在 x 方向激励下的谐响应

第4章 高强混凝土芯柱－构造柱砌块砌体墙抗剪性能试验研究

4.1 墙体试件参数选择

配筋混凝土小型砌块抗震墙由构造柱、芯柱、水平配筋、混凝土砌块组成。根据房屋的内力分析可知,在包括房屋可变荷载、重力荷载及地震水平作用力等一切荷载的作用下,房屋的墙片主要承受剪力、弯矩及轴向力三者的共同作用。特别是在地震荷载作用下,墙体的水平抗剪性能就成为整个房屋承受水平作用力性能的关键[74]。

影响配筋混凝土灌芯砌块墙片水平抗剪承载力的主要因素有:墙片的形状、尺寸;灌芯砌体的抗压强度;剪跨比;竖向荷载;垂直钢筋与水平钢筋的配筋率等[75]。

(1)墙片的尺寸、形状。墙片的尺寸、形状对其抗剪性能的影响是显而易见的。一般来说,在相同的墙片参数下,墙片的抗剪承载能力随尺寸的增大而提高。另外,在一定的范围内适当地增加墙体腹板的尺寸,也可以使墙体的抗剪承载能力得到有效提高。

(2)灌芯砌体的抗压强度。配筋混凝土灌芯砌块墙体的抗剪承载能力与灌芯砌块的抗压强度基本呈正比例关系。当墙体承受水平荷载作用时,整个墙体的抗剪承载能力的大小很大程度上取决于其砌块的抗剪承载能力。所以,当灌芯混凝土与砌体的抗剪承载能力较强时,墙体的抗剪能力也会随之提高。

(3)墙体的剪跨比。墙体的剪跨比因素,无论是在砌体结构还是钢筋混凝土结构中,都是影响墙体抗剪承载能力的重要因素之一。已有的试验研究表明:对配筋混凝土灌芯砌块墙体而言,墙体的剪跨比对其抗剪承载能力有着相当大的影响。墙体剪跨比提高,墙体水平作用力的作用点也会提高,这将会增大墙体的弯矩。墙体剪跨比在一定范围内变动时,墙体的抗剪承载能力将随着剪跨比的提高而提高。

(4)竖向荷载。若有一定的竖向荷载,那么在水平剪力作用下,墙体的主拉应力作用线与水平轴夹角将会变大,斜向拉应力大小将降低,因此,裂缝的出现将会推迟。在竖直荷载作用下,斜裂缝间的骨料结合能力会有所增加,使得斜裂缝在出现后发展相对缓慢,从而使墙体的抗剪承载能力得到提高。虽然竖直荷载对墙体抗剪承载能力影响很大,但并不意味着墙体抗剪承载能力会随着竖向荷载的增加而一直增大。一般来说,当轴压比为 $0.3 \sim 0.5$ 时,竖直荷载对墙体的抗剪承载能力的提高最为有利。而当墙体轴压比大于 0.5 时,墙体将会以斜压破坏为主,这时,提高竖向荷载反而会使墙体的抗剪性能下降。

(5)垂直钢筋。很多试验研究表明,墙体中的垂直钢筋能有效地提高墙体的抗剪承载能力。也有许多研究成果认为,竖直钢筋的抗剪作用主要在于起到销栓的作用,以及墙体在配置了竖向钢筋后,墙体抗剪性能得到了改良,其实际作用已计入了砌体抗剪能力中。因为配筋对墙体抗剪性能的影响是很复杂的,且垂直钢筋对墙体抗剪能力的提高机理也相对比较复杂,所以,就当前而言,将竖直钢筋对墙体抗剪承载能力的影响归于砌体抗剪性能中统一考虑是相对可行的。

(6)水平钢筋。在荷载作用下,墙体开裂后,配筋砌体的抗剪性能会有很大程度的降低。此时,水平钢筋横穿斜裂缝,直接承受拉力。墙体由斜裂缝间骨料咬合力与水平钢筋的抗拉承载力共同承受水平剪力。所以,水平钢筋也是影响配筋砌体抗剪性能的重要因素之一。

将试验的 6 面墙体分为 3 组,具体分组情况参见表 4.1。

表 4.1　墙体分组及参数表

分组编号＼墙体参数	墙体编号	墙体尺寸 /(mm×mm×mm)	填芯率	有无水平钢筋
第一组	HBW—1	190×1 000×1 400	0.60	有
	HBW—2	190×1 000×1 400	0.60	无

续表 4.1

墙体参数 分组编号	墙体编号	墙体尺寸 /（mm×mm×mm）	填芯率	有无水平钢筋
第二组	HBW—3	190×800×1 600	0.50	有
	HBW—4	190×800×1 600	0.50	无
第三组	HBW—5	190×1 600×1 400	0.35	有
	HBW—6	190×1 600×1 400	0.35	无

　　根据试验所得的墙体水平作用力与位移的关系,来分析每组墙体在不同的参数下(如填芯率、高宽比、有无水平钢筋及有无开洞情况等)对水平抗剪承载力的影响。

4.2　墙体的破坏过程及破坏形态

　　试验中,各墙体在水平荷载作用下,其破坏过程基本相同,均是剪切型破坏,且以斜向交叉的裂缝为主要特征。与无筋砌体结构的破坏相比,配筋砌体的剪切破坏有显著的不同。

　　墙体从开始加载直至破坏完全,都表现出线弹性、弹塑性与破坏 3 个阶段。当水平荷载小于 40 kN 时,墙体处于线弹性阶段,荷载与位移曲线呈正比例关系。随着荷载的不断增大,墙体底部的竖直反力分布开始变得不均匀,墙体中甚至开始有拉应力产生。当荷载达到 70～120 kN 时,砌体内部拉应力大于砌体的法向黏结强度,砌体中出现了第一道裂缝。

　　当水平作用力达到 120～190 kN 时,墙体内部斜裂缝不断扩展,墙体的内应力开始重分布。开裂区的砌块退出工作,并将外界施加的拉力传给与裂缝相交的水平钢筋。所以在裂缝开裂处,钢筋的拉应力陡增,长度加大;并且,钢筋与砌块之间出现了相对滑移,钢筋加大的长度加上与砌块之间的相对滑移量就是墙体裂缝的宽度。

　　墙体的破坏形态都十分明显,每面墙体的第一道裂缝均是出现在墙体的中心附近,与水平方向呈 45°夹角,并逐渐向墙体的两个对角处扩展开,此时裂缝的发展较为缓慢。随着水平作用力的不断增大,两条对角线方向开始出现多条分布较为均匀的斜裂缝,各种裂缝呈现出"X"形;并且,加载时,斜裂缝的宽度随之加大;卸载时,裂缝闭合。

墙体中的裂缝贯穿水平灰缝且沿着水平灰缝发展的不多,这说明水平灰缝抗剪强度大于砌块本身的抗拉强度,所以,斜裂缝大都存在于砌块本身。在出现较少的沿水平灰缝发展的裂缝中,开裂部位也大都在砂浆与砌块的黏合面上,而不是从灰缝内部裂开的,这又说明砌块与砂浆之间的黏结强度低于砂浆抗剪强度。所以,配筋砌块砌体的破坏主要是因砌块本身主抗拉强度的不足所引起的。破坏时墙体的裂缝如图 4.1 所示。

图 4.1 破坏时墙体的裂缝

4.2.1 荷载、位移实测值

本试验所得数据结果见表 4.2、表 4.3。

表 4.2 试件承载力实测值 kN

试件编号	F_c	F_y			F_u			F_d		
		正向	负向	绝对平均值	正向	负向	绝对平均值	正向	负向	绝对平均值
HBW—1	130	152	−153	152.5	184	−183	183.5	165	−164	164.5
HBW—2	130	146.1	−149.5	147.8	155.6	−154.1	154.85	128	−138	133
HBW—3	80	105	−107.2	106.1	140	−141	140.5	123.7	−126.2	124.45
HBW—4	80	90	−110	100	123	−122	122.5	112	−110	111
HBW—5	80	105.3	−101.6	103.45	120.5	−122.4	121.45	103.2	−105.3	104.25
HBW—6	80	100	−99	99.5	105	106	105.5	93	−92.5	92.75

注:F_c 为墙体开裂荷载;F_y 为墙体明显屈服点荷载;F_u 为墙体抗剪极限荷载;F_d 为墙体破坏荷载,即墙体承载力下降到 $85\%F_u$ 时的荷载。其中,开裂荷载是墙体第一次开裂时对应的荷载

表 4.3　各墙体位移实测值　　　　　　　　mm

试件编号	Δ_c	Δ_y			Δ_u			Δ_d		
		正向	负向	绝对平均值	正向	负向	绝对平均值	正向	负向	绝对平均值
HBW — 1	4.05	7.8	— 7.47	7.645	14.25	— 13.93	14.09	16.3	— 16.1	16.2
HBW — 2	6.17	8.07	— 8.02	8.045	10.65	— 10.45	10.5	14.25	— 12.1	13.175
HBW — 3	3.66	6.49	— 6.84	6.665	16.4	— 16.7	16.55	19.23	— 20.0	19.615
HBW — 4	3.82	5.8	— 6.34	6.07	13.83	— 13.57	13.7	18.58	— 18.42	18.5
HBW — 5	2.03	5.71	— 5.01	5.36	13.73	— 12.72	13.225	16.38	— 17.3	16.84
HBW — 6	80	5.61	— 5.74	5.665	9.11	— 9.55	9.33	13.58	— 13.49	13.545

注：Δ_c 是与 F_c 对应的墙体开裂位移；Δ_y 是与 F_y 对应的墙体明显屈服点位移；Δ_u 是与 F_u 对应的极限荷载位移；Δ_d 是与 F_d 对应的破坏位移

4.2.2　墙体的延性分析

结构延性是指构件达到屈服点之后其变形的能力，是衡量结构抗剪性能的重要参数之一[76]。

墙体的延性系数，一般用试件极限位移与试件屈服位移之间的比值来表示，即

$$u = \Delta_u / \Delta_y \qquad (4.1)$$

式中　　u —— 延性系数；

　　　　Δ_u —— 试件极限位移；

　　　　Δ_y —— 试件屈服位移，按"改进的面积互等法"确定。

对于有明显屈服点的试件，屈服位移的确定比较容易，而没有明显屈服点的构件，要准确确定其屈服位移有一定难度，目前常用的方法有：基于耗能等效的面积互等法、屈服弯矩法。这两种方法都要通过原点切线来确定屈服点，但原点切线一般较难作出，随意性很大，得出的屈服位移和屈服荷载往往不唯一。

本节采用王艳晗[76]在论文《预应力砌体柱和砌体剪力墙试验研究与理论分析》中提出的"改进的面积互等法"来确定墙体的屈服位移。如图

4.2 所示，过原点 O 作斜线 BO，交骨架曲线极限荷载的水平线 AB 于 B 点，其中直线 BO、AB 与骨架曲线所包围的面积 ODE 和 ABD 相等；作水平线 HC，与骨架曲线交于 F 点，与 OB 交于 C 点，与极限位移处的垂线交于 H 点，使得面积 $FABC$ 和 HGF 相等，C 点即为屈服点，此法克服了以往作原点切线随意性较大的缺点，得出的屈服点也是唯一的。

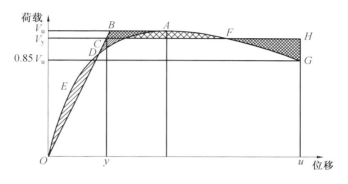

图 4.2　改进的面积互等法

将墙体的骨架曲线用 Excel 曲线图表示出来，然后将按"改进的面积互等法"求得的各墙体的延性系数列于表 4.4。

表 4.4　各墙体的延性系数

墙体分组	墙体编号	有无水平钢筋	等效屈服位移 /mm	极限位移 /mm	延性系数 u
第一组	HBW—1	有	7.52	18.2	2.42
	HBW—2	无	8.045	12.15	1.51
第二组	HBW—3	有	9.72	21.75	2.24
	HBW—4	无	8.375	18.5	2.20
第三组	HBW—5	有	6.99	16.84	2.41
	HBW—6	无	9.33	16.27	1.74

注：表中的等效屈服位移与极限位移均取正负水平荷载作用力方向的平均值

由表 4.4 可见，HBW—1、HBW—3、HBW—5 墙体由于配制了水平钢筋，其延性与后期的变形能力均高于未配制水平钢筋的 3 面墙体。可见，水平钢筋对提高砌体结构的延性及后期的变形能力也有帮助。

4.2.3　试验结果分析

为了更加准确地分析与验证试验结果的准确性与可行性,现通过现有的规范公式来对试验墙体进行理论计算,通过理论计算值与试验结果的相互比较,来进一步分析试验的可靠性,以及通过试验结果来对理论公式进行验证与修正。

砌体结构的抗剪承载能力的主要承载部分一般包括:砌体本身的黏结抗剪能力、垂直钢筋的抗剪能力、水平钢筋的抗剪能力、芯柱的抗剪能力以及构造柱的抗剪能力。

现有的配筋砌体抗剪承载力计算公式数量较多,比较常见的大致有以下几类:

(1)混凝土砌块墙体的截面抗剪承载力应按下式计算[57]:

$$V = \frac{1}{\gamma_{RE}}\left[f_{VE}A + (0.3f_tA_c + 0.05f_yA_s)\xi_c\right] \tag{4.2}$$

式中　f_{VE}——灌孔砌体的抗剪强度设计值,取 $f_{VE} = \xi_{II}f_v$;

A——墙体的截面面积;

f_t——灌孔混凝土的轴心抗拉强度设计值;

A_c——混凝土或者灌孔芯柱截面面积;

f_y——芯柱钢筋的抗拉强度设计值;

A_s——芯柱钢筋的面积;

f_v——砌体抗剪强度设计值;

ξ_{II}——砌体抗震抗剪强度的正应力影响系数,按表 4.5 取值;

ξ_c——芯柱参与工作系数,按表 4.6 采用。对采用水平配筋的截面还需考虑水平钢筋的承载力贡献,其中的钢筋参与工作系数 ξ_s 可按表 4.7 采用。

表 4.5　砌体强度的正应力影响系数

正应力水平 σ_0/f_v	0.0	1.0	3.0	5.0	7.0	10.0	15.0	20.0
正应力影响系数 ξ_{II}	1.0	1.25	1.75	2.25	2.60	3.10	3.95	4.80

表 4.6 芯柱参与工作系数

灌孔率 ρ	$\rho < 0.15$	$0.15 \leqslant \rho < 0.25$	$0.25 \leqslant \rho < 0.5$	$\rho \geqslant 0.5$
ξ_c	0	1.0	1.10	1.15

注:当同时设计芯柱和构造柱时,构造柱截面可作为芯柱截面,构造柱钢筋可作为芯柱钢筋

表 4.7 钢筋参与工作系数

墙体高宽比	0.4	0.6	0.8	1.0	1.2
钢筋参与工作系数 ξ_s	0.10	0.12	0.14	0.15	0.12

（2）同济大学根据试验所提出的灌芯砌块砌体结构抗剪承载力的计算公式如下：

$$V_{st} = \frac{1}{\gamma_{RE}}\left[\frac{1}{\lambda - 0.5}\left(0.04 f_c b_w h_{w0} + 0.2N\frac{A_w}{A}\right) + 0.8 f_{yh}\frac{A_{yh}}{S}h_{w0}\right]$$

$$(4.3)$$

式中　　γ_{RE}——承载力抗震调整系数,未开洞取 1.1,有开洞情况取 1.8;

　　　　λ——墙体高宽比,当 $\lambda < 1.4$ 时取 1.4,当 $\lambda > 2.0$ 时取 2.0;

　　　　f_c——芯柱与砌块墙体混合抗压强度;

　　　　b_w——墙体有效宽度;

　　　　h_{w0}——墙体有效高度;

　　　　N——考虑地震作用组合的剪力墙计算截面的轴向力设计值;

　　　　A_w——T 形或工字形截面剪力墙腹板的截面面积,对于矩形截面取 $A_w = A$;

　　　　f_{yh}——水平钢筋抗拉强度设计值;

　　　　A_{yh}——单根水平钢筋横截面积;

　　　　S——水平钢筋间距。

（3）中国机械部设计院参照美国的规范提出的配筋砌体结构抗剪承载力的计算公式为

$$V_{st} = \frac{1}{\gamma_{RE}}\left[\left(\left(0.264 - 0.116\frac{M}{Vh_0}\right)bh_0\sqrt{f} + 0.12N\frac{A_w}{A}\right) + 0.8 f_{yh}\frac{A_{yh}}{S}h_{w0}\right]$$

$$(4.4)$$

式中　　M——墙体承受的弯矩值;

　　　　V——墙体承受的剪力值;

　　　　h_0——墙体横截面有效高度;

　　　　b——墙体横截面宽度;

　　　　f——未灌孔砌体的抗压强度设计值。

其余参数注释参见式(4.3)的注释。

砌体结构的抗剪能力分析方法按照是否承受竖向荷载分为两种:承受竖向剪力的计算方法与不承受剪力的计算方法。根据最近国内外许多研究方法表明:承受竖向力的砌体结构抗剪能力 $V_N = V_{N=0} + \Delta V$,其中 $V_{N=0}$ 为砌体结构未承受竖向荷载时的抗剪强度,$\Delta V = \partial N$,∂ 为正向压应力系数,N 为竖向压力。同济大学取 $\partial = 2$,而中国机械部取 $\partial = 1.2$,出于安全考虑,本节参见中国机械部的算法,取 $\partial = 1.2$。

式(4.3)相对于式(3.4),扩大了正压力对抗剪承载力的影响,正压力影响系数从 1.2 变为 2.0,在正压力很大的情况下,强度储备可能会有所降低,本节倾向于取 $\partial = 1.2$。

配筋砌体未承受竖向荷载的抗剪承载力 $V_N = 0$ 又包括砌体本身的黏结抗剪能力、芯柱与垂直钢筋的抗剪能力、构造柱的抗剪能力与水平钢筋的抗剪能力。其中,砌体本身的黏结抗剪能力与芯柱、垂直钢筋的抗剪能力之和可参见《砌体结构设计规范》的规定。而水平钢筋的抗剪能力的计算目前国内大多数均采用如下公式:

$$V = 0.8 f_{yh} \frac{A_{yh}}{S} h_0 \tag{4.5}$$

由于构造柱的抗剪机理类似于芯柱的抗剪机理,故本节中构造柱抗剪能力的计算方法参照芯柱的抗剪计算方法,也采用公式(4.2)。

在本节中,影响墙体抗剪承载能力的主要因素除了以上几点外,还包括墙体高宽比与有无开洞。同济大学等其他研究单位引入高宽比系数 $\dfrac{1}{\lambda - 0.5}$ 来考虑高宽比的影响,其中 λ 为高宽比。参见国内外等研究机构对于开洞影响的考虑,式(4.2)中横截面积 A 应为开洞处的砌体净横截面积。承载力抗震调整系数 γ_{RE} 取 1.8。

综上所述,本节提出的构造柱—芯柱组合配筋砌体结构的抗剪承载力计算公式为

$$V \leqslant \frac{1}{\gamma_{RE}}\left[f_{VE}A + (0.3f_t A_c + 0.05f_y A_s)\xi_c + \xi_s f'_y A'_s\right] \quad (4.6)$$

式中 f_{VE} —— 灌孔砌体的抗剪强度设计值,取 $f_{VE} = \xi_{\parallel} f_v$;

$\xi_{\parallel}$ —— 砌体抗震抗剪强度的正应力影响系数;

f_v —— 空心砌体抗剪强度设计值;

f_t —— 构造柱混凝土的轴心抗拉强度设计值;

A —— 芯柱混凝土截面面积;

A_c —— 混凝土构造柱截面面积;

f_y —— 构造柱钢筋的抗拉强度设计值;

A_s —— 构造柱钢筋的截面面积;

f'_y —— 水平钢筋屈服强度;

A'_s —— 抗剪截面内水平钢筋截面面积;

ξ_c —— 芯柱参与工作系数,按表 4.5 采用;

ξ_s —— 水平钢筋参与工作系数,取 0.8。

通过试验拟合式(4.6)及式(4.4)计算所得理论值与试验值比较结果见表 4.8。

表 4.8   试验值与理论值对照表

试件编号	F_u/kN	P_1/kN	P_2/kN	F_u/P_1	F_u/P_2
HBW—1	183.5	156	141.5	1.18	1.29
HBW—2	154.85	141.7	127.2	1.09	1.21
HBW—3	140.5	116.4	109.8	1.21	1.28
HBW—4	122.5	102.1	95.5	1.19	1.28
HBW—5	121.45	110.9	103.0	1.10	1.18
HBW—6	105.5	96.7	88.7	1.09	1.89

注:F_u 为试验所得墙体的抗剪承载力;P_1 为通过式(4.6)计算所得的理论值;P_2 为通过式(4.4)计算所得理论值

由表 4.8 可见,上述配筋砌体抗剪承载力的计算值较试验值均稍偏低,而式(4.4)由于未充分考虑构造柱的抗剪能力,其理论值较式(4.6)小。在强度储备适度的情况下,式(4.6)的计算值更加靠近试验值,从而充分利用了材料的抗剪能力。

4.3　试件之间不同参数的对比及分析

4.3.1　水平钢筋的影响

1. 第一组墙体

第一组墙体包括 HBW－1 墙体与 HBW－2 墙体,墙体的高宽比均为 1.4。二者的区别在于 HBW－1 配制了两根强度等级 HPB235、直径 6 mm 的水平钢筋。HBW－1 与 HBW－2 的水平作用力和与之对应的位移曲线如图 4.3、图 4.4 所示。

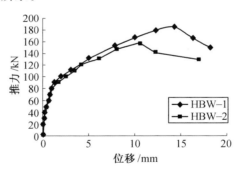

图 4.3　HBW－1 与 HBW－2 的推力－位移曲线图

HBW－1 与 HBW－2 的水平剪力－位移关系的对比:

① 当 $0 \leqslant F/F_{cr} \leqslant 0.43$ 时(注:F 为试验施加水平剪力,F_{cr} 为 HBW－1 墙体极限抗剪强度,下同),HBW－1 与 HBW－2 施加相同推力所对应的位移几乎是重合的。且两面墙体的位移变化曲线与所施加的水平剪力基本成正比例关系,位移近似按比例增长。此时,两面墙体均无微裂缝产生。

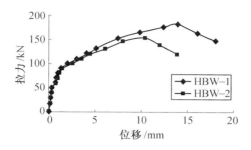

图 4.4　HBW－1 与 HBW－2 的拉力－位移曲线图

② 当 $0.43 < F/F_{cr} \leqslant 0.85$ 时,HBW－1 与 HBW－2 此时的位移曲线不再重合。 施加相同水平推力,HBW－2 的水平位移逐渐大于 HBW－1 的水平位移。二者的位移曲线也不再呈比例发展,随着水平推力的增加,曲线的斜率随着逐渐降低。当 $F = 0.71F_{cr}$ 时,两面墙体同时出现裂缝,裂缝首先产生在墙体左下角。当施加外力 F 达到 $0.85F_{cr}$ 时,HBW－2 达到极限抗剪承载力,位移曲线开始进入下降段,而 HBW－1 还未达到抗剪极限强度,承载力继续上升。

③ 当 $0.85 < F/F_{cr} \leqslant 1$ 时,此时,HBW－2 位移曲线已经进入屈服段,承载力不再上升,并开始逐渐下降,墙体不断地出现非稳定裂缝,墙体破坏。而 HBW－1 墙体位移曲线仍呈上升趋势,直至 $F = F_{cr}$,此时,HBW－1 达到极限抗压强度。

比较发现,第一组配有水平钢筋的墙体抗剪极限承载力较无水平钢筋的墙体可提高 18%,极限荷载对应的位移可提高 33%,见表 4.9。

表 4.9　HBW－1 与 HBW－2 墙体试验结果对比表

项目	HBW－1	HBW－2	提高比率
极限承载力(推力)/kN	184	155.6	18.25%
极限承载力(拉力)/kN	183	154.1	18.75%
抗剪承载力与提高率平均值 /kN	183.5	154.85	18.5%
极限承载力对应的位移(推力)/mm	14.25	10.65	33.8%
极限承载力对应的位移(拉力)/mm	13.95	10.45	33.5%
位移平均值 /mm	14.1	10.55	33.65%

2. 第二组墙体

第二组墙体包括 HBW－3 墙体与 HBW－4 墙体,墙体的高宽比均为

2.0。二者的区别在于 HBW－3 配制了两根 HPB235、直径 6 mm 的水平钢筋。HBW－3 与 HBW－4 的水平作用力和与之对应的位移曲线如图 4.5、图 4.6 所示。

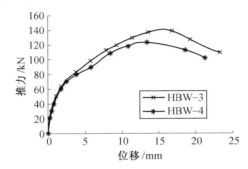

图 4.5　HBW－3 与 HBW－4 的推力－位移曲线图

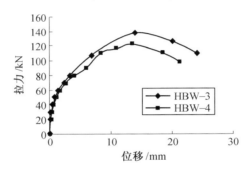

图 4.6　HBW－3 与 HBW－4 的拉力－位移曲线图

　　HBW－3 与 HBW－4 的抗剪承载力与极限荷载所对应的位移见表 4.10。

表 4.10　HBW－3 与 HBW－4 墙体试验结果对比表

项目	HBW－3	HBW－4	提高比率
极限承载力(推力)/kN	140	123	13.8%
极限承载力(拉力)/kN	141	122	15.57%
抗剪承载力与提高率平均值 /kN	140.5	122.5	14.69%
极限承载力对应的位移(推力)/mm	16.4	13.83	18.6%
极限承载力对应的位移(拉力)/mm	16.7	13.57	23.07%
位移平均值 /mm	16.55	13.70	20.84%

3. 第三组墙体

　　第三组墙体包括 HBW－5 墙体与 HBW－6 墙体,墙体的高宽比均为

0.875。两面墙体均开有 800 mm×800 mm 的墙洞,墙洞距底梁 600 mm,水平位置居中。二者的区别在于 HBW－5 配制了两根强度等级 HPB235、直径 6 mm 的水平钢筋。

HBW－5 与 HBW－6 的水平作用力和与之对应的位移曲线如图 4.7、图 4.8 所示。

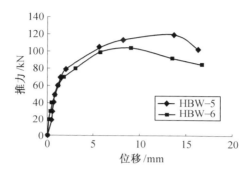

图 4.7　HBW－5 与 HBW－6 的推力－位移曲线图

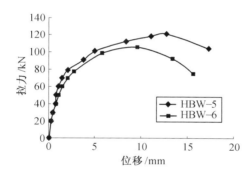

图 4.8　HBW－5 与 HBW－6 的拉力－位移曲线图

HBW－5 与 HBW－6 的抗剪承载力与极限荷载所对应的位移见表 4.11。

表 4.11　HBW－5 与 HBW－6 墙体试验结果对比表

项目	HBW－5	HBW－6	提高比率
极限承载力(推力)/kN	120.5	105	14.76%
极限承载力(拉力)/kN	122.4	106	15.47%

续表 4.11

项目	HBW－5	HBW－6	提高比率
抗剪承载力与提高率平均值 /kN	121.45	105.5	15.12%
极限承载力对应的位移（推力）/mm	13.73	9.11	50.7%
极限承载力对应的位移（拉力）/mm	12.72	9.55	33.19%
位移平均值 /mm	13.23	9.33	41.95%

4. 小结

本节主要基于试验的基础上，研究分析了水平钢筋对构造柱－芯柱组合混凝土配筋混凝土砌块砌体结构的抗剪性能的影响。并且，在本试验中，还设置了两个不同的辅助参数来进一步分析，即在不同的高宽比、墙体有无开洞的情况下水平钢筋对配筋砌体抗剪性能的影响程度。

当墙体高宽比为 1.4 时，有水平钢筋的墙体比未设置水平钢筋的墙体抗剪极限承载力提高 18.5%，极限承载力对应的位移提高 33.65%。

当墙体高宽比为 2.0 时，有水平钢筋的墙体比未设置水平钢筋的墙体抗剪极限承载力提高 14.6%，极限承载力对应的位移提高 20.84%。

由此可见，在一定的高宽比范围内，高宽比越低，水平钢筋对配筋砌体的抗剪承载力影响越大。至于高宽比范围值的大小，建议另行试验。

当墙体上有开洞时，有水平钢筋的墙体比未设置水平钢筋的墙体抗剪极限承载力提高 15.12%，极限承载力对应的位移提高 41.95%。

由此可见，水平钢筋对开有洞口的墙体抗剪承载力的影响较无洞口的墙体相差不大，但对极限承载力对应的位移的提高作用更加明显。

4.3.2　高宽比的影响

本节通过 HBW－1 与 HBW－3 及 HBW－2 与 HBW－4 两组墙体试验结果之间的对比来研究实际情况中高宽比对配筋砌体的抗剪承载力的影响。

1. 第一组墙体

第一组墙体包括 HBW－1 与 HBW－3。二者的基本试验参数见表 4.12。HBW－1 与 HBW－3 的水平作用力和与之对应的位移曲线如图

4.9、图 4.10 所示。

表 4.12　第一组墙体的基本试验参数

墙体编号	墙体尺寸/(mm×mm×mm)	高宽比	有无水平钢筋
HBW－1	190×1 000×1 400	1.4	无
HBW－3	190×800×1 600	2.0	无

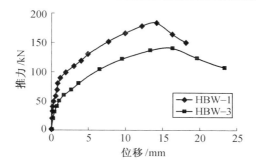

图 4.9　HBW－1 与 HBW－3 的推力－位移曲线对比图

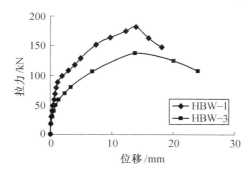

图 4.10　HBW－1 与 HBW－3 的拉力－位移曲线对比图

HBW－1 与 HBW－3 的抗剪承载力与极限荷载所对应的位移见表 4.13。

表 4.13　HBW－1 与 HBW－3 墙体试验结果对比表

项目	HBW－1	HBW－3	提高比率
极限承载力(推力)/kN	184	140	31.4%

续表 4.13

项目	HBW－1	HBW－3	提高比率
极限承载力（拉力）/kN	183	141	30.5%
抗剪承载力与提高率平均值 /kN	183.5	140.5	30.95%

2. 第二组墙体

第二组墙体包括 HBW－2 与 HBW－4。二者的基本试验参数见表 4.14。HBW－2 与 HBW－4 的水平作用力和与之对应的位移曲线如图 4.11、图 4.12 所示。

表 4.14 第二组墙体的基本试验参数

墙体编号	墙体尺寸 /（mm×mm×mm）	高宽比	有无水平钢筋
HBW－2	190×1 000×1 400	1.4	无
HBW－4	190×800×1 600	2.0	无

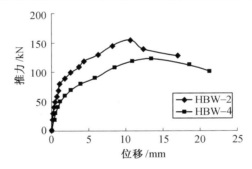

图 4.11 HBW－2 与 HBW－4 的推力－位移曲线对比图

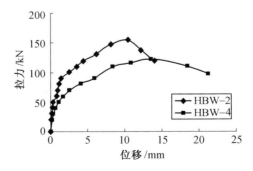

图 4.12 HBW－2 与 HBW－4 的拉力－位移曲线对比图

HBW—2 与 HBW—4 的抗剪承载力与极限荷载所对应的位移见表 4.15。

表 4.15　HBW—2 与 HBW—4 墙体试验结果对比表

项目	HBW—2	HBW—4	提高比率
极限承载力(推力)/kN	155.6	123	26.5%
极限承载力(拉力)/kN	154.1	122	26.3%
抗剪承载力与提高率平均值/kN	154.85	122.5	26.4%

3. 小结

本节中讨论了高宽比对构造柱—芯柱组合混凝土配筋混凝土砌块砌体结构的抗剪性能的影响。并通过辅助参数(是否设置水平钢筋)来更进一步分析高宽比对配筋砌体结构抗剪能力的影响。

在设置水平钢筋的情况下,高宽比为 1.4 的墙体抗剪承载力比高宽比为 2.0 的墙体抗剪承载力提高 30.95%。

在未设置水平钢筋的情况下,高宽比为 1.4 的墙体比高宽比为 2.0 的墙体抗剪承载力提高 26.4%。

由此可见,在一定的范围内,随着高宽比的降低,承载力随之提高。若配筋砌体中设置有水平钢筋,其提高程度更加明显。

第5章 配筋砌体结构平扭耦联弹塑性地震反应时程分析方法及软件开发

由于钢筋及现浇混凝土部分的存在,配筋砌块砌体构件成为配筋梁、柱和墙,成为与钢筋混凝土类似的配筋构件,表现出了较好的抗震性能,其抗震性能完全不同于无筋砌体,而与钢筋混凝土构件基本相同[77]。上海园南小区的18层配筋混凝土砌块砌体住宅,是我国首幢配筋砌体高层建筑,围绕该工程研究者们进行了一系列试验研究和理论分析[78-80],其良好的抗震性能得到较为充分的证明。然而,当前的抗震性能分析,多是基于层模型的,只能认为其反映的是楼层的平均特征,而无法反映在地震作用下结构中每一片墙的工作情况,不能考虑结构中刚心和质心的不重合引起的附加扭转作用,更不能考虑双向平动和扭转共同作用下的结构地震反应。对于工程中经常遇到的平面不对称结构,由于刚心和质心不重合,其扭转效应将会影响结构的地震反应。为了能够更可靠地研究配筋砌体结构在地震作用下的扭转反应,考虑质心刚心不重合的影响及在多维地震动输入下结构的地震反应,本章利用 F90 语言,编制了平扭耦联的配筋砌体结构弹塑性地震反应分析实用计算程序 EDAPCSC(Elasto-plastic Dynamics Analysis Program Considering the Spatial Cooperation),给出进行结构地震易损性分析的定量方法,并结合工程实例进行讨论分析。

5.1 基本假定

(1)楼板刚性假定:楼板只发生刚体平动和转动,各墙片的位移协同于楼板的刚体运动。

(2)层的质量竖向集中于楼板、平面上集中于质心处。

(3)侧力构件只提供平面内抗侧移刚度,忽略平面外刚度。

（4）墙片的恢复力模型采用归一化的三线型骨架曲线。

5.2 平扭耦联运动方程

考虑剪切型模型，只考虑与每层楼盖相连的上下两层墙片的影响。以上标表示构件所在楼层，则对于第 i 层 j 构件，x 相对质心的坐标（构件与原点的距离在 x 轴上的投影）为 e_{jx}^i，y 相对质心的坐标（构件与原点的距离在 y 轴上的投影）为 e_{jy}^i；楼盖的层间相对位移为

$$\begin{cases} \Delta u^i = u^i - u^{i-1} \\ \Delta v^i = v^i - v^{i-1} \\ \Delta \theta^i = \theta^i - \theta^{i-1} \end{cases} \quad (5.1)$$

式中 u^i、v^i、θ^i —— 第 i 层楼盖的 x、y、θ 向位移分量。

楼层的惯性力、该层第 j 个构件提供的抗力及地震作用分量见表 5.1。

表 5.1 作用于构件上的力

方向	惯性力	i 层第 j 个构件提供的抗力	地震作用
x 向	$m^i \ddot{u}^i$	$k_{jx}^i (\Delta u^i + \Delta \theta^i e_{jy}^i)$	$m^i \ddot{u}_g$
y 向	$m^i \ddot{v}^i$	$k_{jy}^i (\Delta v^i + \Delta \theta^i e_{jx}^i)$	$m^i \ddot{v}_g$
θ 向	$J^i \ddot{\theta}^i$	$k_{jx}^i (\Delta u^i + \Delta \theta^i e_{jy}^i) e_{jy}^i + k_{jy}^i (\Delta u^i + \Delta \theta^i e_{jx}^i) e_{jx}^i$	$J^i \ddot{\theta}_g$

5.2.1 水平运动方程

先考虑 x 方向平衡方程：

$$m^i \ddot{u}^i + \sum_j k_{jx}^i (\Delta u^i - \Delta \theta^i e_{jy}^i) - \sum_j k_{jx}^{i+1} (\Delta u^{i+1} - \Delta \theta^{i+1} e_{jy}^{i+1}) = -m^i \ddot{u}_g$$

$$(5.2)$$

去掉括号并代入层间刚度：$k_x^i = \sum_j k_{jx}^i$，及刚心坐标 $y_C^i = \dfrac{\sum_j k_{jx}^i e_{jy}^i}{\sum_j k_{jx}^i}$，则

式（5.2）变为

$$m^i \ddot{u}^i + \Delta u^i k_x^i - \Delta \theta^i y_C^i \sum_j k_{jx}^i - \Delta u^{i+1} k_x^{i+1} + \Delta \theta^{i+1} y_C^{i+1} \sum_j k_{jx}^{i+1} = -m^i \ddot{u}_g$$

$$(5.3)$$

把层间位移公式（2.1）代入上式，并整理得

$$m^i \ddot{u}^i + (-k_x^i) u^{i-1} + k_x^i y_C^i \theta^{i-1} + (k_x^i + k_x^{i+1}) u^i - (k_x^i y_C^i + k_x^{i+1} y_C^{i+1}) \theta^i +$$
$$(-k_x^{i+1}) u^{i+1} + k_x^{i+1} u^{i+1} y_C^{i+1} \theta^{i+1} = -m^i \ddot{u}_g$$

$$(5.4)$$

对于整个结构，由式（5.4）得到 x 向的运动方程为

$$
\begin{Bmatrix} \ddot{u}^1 \\ \ddot{u}^2 \\ \vdots \\ \ddot{u}^n \end{Bmatrix}
\begin{bmatrix} m^1 & & \cdots & 0 \\ & m^2 & & \\ \vdots & & \ddots & \\ 0 & & & m^n \end{bmatrix}
+
\begin{bmatrix} k_x^1 + k_x^2 & -k_x^2 & \cdots & 0 \\ -k_x^1 & k_x^2 + k_x^3 & -k_x^3 & \\ \vdots & & \ddots & \\ 0 & & -k_x^{n-1} & k_x^n \end{bmatrix}
\begin{Bmatrix} u^1 \\ u^2 \\ \vdots \\ u^n \end{Bmatrix}
-
$$

$$
\begin{bmatrix} k_x^1 y_C^1 + k_x^2 y_C^2 & -k_x^2 y_C^2 & \cdots & 0 \\ -k_x^1 y_C^1 & k_x^2 y_C^2 + k_x^3 y_C^3 & -k_x^3 y_C^3 & \\ \vdots & & \ddots & \\ 0 & & -k_x^{n-1} y_C^{n-1} & k_x^n y_C^n \end{bmatrix}
\begin{Bmatrix} \theta^1 \\ \theta^2 \\ \vdots \\ \theta^n \end{Bmatrix}
=
$$

$$
-
\begin{bmatrix} m^1 & & \cdots & 0 \\ & m^2 & & \\ \vdots & & \ddots & \\ 0 & & & m^n \end{bmatrix}
\begin{Bmatrix} \ddot{u}_g \\ \ddot{u}_g \\ \vdots \\ \ddot{u}_g \end{Bmatrix}
$$

$$(5.5)$$

简写为

$$[M]\{\ddot{u}\} + [K_x]\{u\} - [y_C K_x]\{\theta\} = -[M]\{\ddot{u}_g\} \qquad (5.6)$$

式（5.6）即为结构 x 向的运动方程。

同样可以得到 y 向的运动方程为

$$[M]\{\ddot{v}\} + [K_y]\{v\} + [x_C K_y]\{\theta\} = -[M]\{\ddot{v}_g\} \qquad (5.7)$$

5.2.2　扭转运动方程

对质心取矩得扭矩平衡方程，转角 θ 以逆时针方向为正：

$$J^i\ddot{\theta}^i + \left[-\sum_j k^i_{jx} e^i_{jy} (\Delta u^i + \Delta\theta^i e^i_{jy}) + \sum_j k^{i+1}_{jx} e^{i+1}_{jy} (\Delta u^{i+1} + \Delta\theta^{i+1} e^{i+1}_{jy}) \right] +$$

$$\left[\sum_j k^i_{jy} e^i_{jx} (\Delta v^i + \Delta\theta^i e^i_{jx}) - \sum_j k^{i+1}_{jy} e^{i+1}_{jx} (\Delta v^{i+1} + \Delta\theta^{i+1} e^{i+1}_{jx}) \right] = -J^i\ddot{\theta}_g$$

$$(5.8)$$

代入层间刚度：$k^i_x = \sum_j k^i_{jx}$、$k^i_y = \sum_j k^i_{jy}$，及刚心坐标 $y^i_C = \dfrac{\sum_j k^i_{jx} e^i_{jy}}{\sum_j k^i_{jx}}$、

$x^i_C = \dfrac{\sum_j k^i_{jy} e^i_{jx}}{\sum_j k^i_{jy}}$，并令 $(k^i_x)^* = \sum_j k^i_{jx} (e^i_{jy})^2$、$(k^i_y)^* = \sum_j k^i_{jy} (e^i_{jx})^2$，得

$$J^i\ddot{\theta}^i - \{ -y^i_C k^i_x u^{i-1} + (y^i_C k^i_x + y^{i+1}_C k^{i+1}_x) u^i - y^{i+1}_C k^{i+1}_x u^{i+1} - (k^i_x)^* \theta^{i-1} +$$

$$\left[(k^i_x)^* + (k^{i+1}_x)^* \right] \theta^i - (k^{i+1}_x)^* \theta^{i+1} \} + \{ -x^i_C k^i_y v^{i-1} +$$

$$(x^i_C k^i_y + x^{i+1}_C k^{i+1}_y) v^i - x^{i+1}_C k^{i+1}_y v^{i+1} - (k^i_y)^* \theta^{i-1} + \left[(k^i_y)^* + (k^{i+1}_y)^* \right] \theta^i -$$

$$(k^{i+1}_y)^* \theta^{i+1} \} = -J^i\ddot{\theta}_g$$

$$(5.9)$$

整理得

$$[J]\{\ddot{\theta}\} - [y_C K_x]\{u\} + [x_C K_y]\{v\} + [K^*]\{\theta\} = -[J]\{\ddot{\theta}_g\}$$

$$(5.10)$$

式(5.10)即为扭转运动方程，其中

$$[K^*] = [K^*_y] - [K^*_x]$$

$$[J] = \begin{bmatrix} J^1 & & \cdots & 0 \\ & J^2 & & \\ \vdots & & \ddots & \\ 0 & & & J^n \end{bmatrix}$$

$$[K^*_x] = \begin{bmatrix} (k^1_x)^* + (k^2_x)^* & -(k^2_x)^* & \cdots & 0 \\ -(k^1_x)^* & (k^2_x)^* + (k^3_x)^* & -(k^3_x)^* & \\ \vdots & & \ddots & \\ 0 & & -(k^{n-1}_x)^* & (k^n_x)^* \end{bmatrix}$$

$$[K_y^*] = \begin{bmatrix} (k_y^1)^* + (k_y^2)^* & -(k_y^2)^* & \cdots & 0 \\ -(k_y^1)^* & (k_y^2)^* + (k_y^3)^* & -(k_y^3)^* & \\ \vdots & & \ddots & \\ 0 & & -(k_y^{n-1})^* & (k_y^n)^* \end{bmatrix}$$

$$\{\ddot{\theta}\} = \begin{Bmatrix} \ddot{\theta}^1 \\ \ddot{\theta}^2 \\ \vdots \\ \ddot{\theta}^n \end{Bmatrix}; \{\theta\} = \begin{Bmatrix} \theta^1 \\ \theta^2 \\ \vdots \\ \theta^n \end{Bmatrix}; \{\ddot{\theta}_g\} = \begin{Bmatrix} \ddot{\theta}_g \\ \ddot{\theta}_g \\ \vdots \\ \ddot{\theta}_g \end{Bmatrix}$$

$[y_C K_x]$ 和 $[x_C K_y]$ 同前。

最后得总的运动方程为

$$\begin{bmatrix} [M] & & 0 \\ & [M] & \\ 0 & & [J] \end{bmatrix} \begin{Bmatrix} \{\ddot{u}\} \\ \{\ddot{v}\} \\ \{\ddot{\theta}\} \end{Bmatrix} + \begin{bmatrix} [K_x] & 0 & -[y_C K_x] \\ 0 & [K_y] & [x_C K_y] \\ -[y_C K_x] & [x_C K_y] & [K^*] \end{bmatrix} \begin{Bmatrix} \{u\} \\ \{v\} \\ \{\theta\} \end{Bmatrix} =$$

$$- \begin{bmatrix} [M] & & 0 \\ & [M] & \\ 0 & & [J] \end{bmatrix} \begin{Bmatrix} \{\ddot{u}_g\} \\ \{\ddot{v}_g\} \\ \{\ddot{\theta}_g\} \end{Bmatrix}$$

$$(5.11)$$

共 $3 \times n$ 个方程，n 为结构总层数。

5.3　时程分析法简介

时程分析法是 20 世纪 60 年代逐步发展起来的抗震分析方法，用以进行超高层建筑的抗震分析和工程抗震研究，至目前已成为多数国家抗震设计规范或规程的分析方法之一[81]。

时程分析法是选用一定的地震波，直接输入到结构，然后对结构的运动平衡微分方程进行数值积分，求得结构在整个地震时程范围内的地震反应，时程分析法是一种完全动力方法，计算量大，而计算精度高，但时程分析法计算的是某一确定地震动的时程反应。底部剪力法、振型分解反应谱法和振型分解时程分析法,因建立在结构的动力特性基础上,只用于结构弹性地震反应分析。逐步积分时程分析法,则既适用于结构非弹性地震反应分析,也适用于非弹性的结构弹性地震反应。

5.4 配筋砌体结构易损性的评定方法

为了能利用所编制程序的结果对配筋砌体结构地震作用下的易损性进行合理的评价,下面首先定义墙片和楼层易损性系数,然后给出结构易损性的定量评价标准。

结构的易损性是由最危险楼层的易损性决定的,而某一楼层的易损性又取决于该层中各墙片的易损性。基本思路是:根据同一楼层中各墙片的状态确定该楼层的破坏程度,进而评价整个结构的地震易损性。

5.4.1 墙片易损性系数定义

定义墙片易损性系数是定义楼层易损性的前提,针对目前采用的三线型骨架曲线,把处于不同状态的墙片的易损性系数 D_w 分别定义为:

弹性:$D_w = 0$;开裂:$D_w = 0.5$;退化:$D_w = 1$;破坏:$D_w = 2$。

5.4.2 楼层易损性系数定义

定义楼层的易损性系数 D_s 如下:

$$D_s = \sum_{i=1}^{N} \alpha_i D_{wi} \tag{5.12}$$

式中　　D_{wi}——所计算楼层中 i 片墙的易损性系数;

　　　　α_i——权数,$\alpha_i = \dfrac{P_{ui}}{\sum\limits_{j=1}^{N} P_{uj}}$ 表示某一片墙对该楼层抗侧承载力的贡献;

　　　　P_{ui}——所计算楼层中第 i 片墙的极限抗剪承载力;

　　　　D_s——所计算楼层的易损性系数;

N——该楼层中计算方向的墙片总数；

P_{uj}——所计算楼层中第 j 片墙的极限抗剪承载力。

这样就可以通过楼层中各墙片的状态及它对结构抗侧承载力的贡献，确定结构在地震作用下的危险程度，即采用楼层承载力丧失的多少来描述楼层易损程度的大小。

5.4.3　结构易损程度的定量表述

下面讨论如何利用弹塑性时程分析计算结果，定量评价结构在地震作用下的易损（破坏）程度，并给出按照楼层易损系数 D_s 的大小定义结构单向地震作用下的易损程度。根据震害的轻重，通常可将房屋在地震作用下产生的破坏状态划分为若干个等级，用以评价结构在地震作用下的破坏程度，而根据计算结果给出结构的易损程度则可以对结构在未来地震作用下可能发生的震害给以量化描述。目前有多种震害等级的划分方法[82-84]，其中以五级划分方法用得较多，参考我国建筑抗震设计规范，并参照《工业厂房可靠性鉴定标准》(GBJ 144—90)中关于单元的评定等级。根据"以承重构件的破坏程度为主，并考虑修复难易和经济损失的大小"的原则，将震害等级划分为基本完好、轻微破坏、中等破坏、严重破坏和倒塌 5 个等级，各震害等级对应的楼层易损性系数见表 5.2。

表 5.2　楼层易损性系数与楼层震害等级

楼层震害等级	楼层易损性系数 D_s
基本完好	$D_s < 0.25$
轻微破坏	$0.25 \leqslant D_s < 0.5$
中等破坏	$0.5 \leqslant D_s < 0.75$
严重破坏	$0.75 \leqslant D_s < 1$
接近倒塌	$D_s \geqslant 1$

表 5.2 中"基本完好"指大部分墙片属于弹性段；"轻微破坏"是指大部分墙片属于开裂段，结构仍满足正常使用；"中等破坏"是指大部分墙片已经进入开裂段，同时有少量墙片达到极限抗剪承载力（楼层易损性系数达到 0.75 表示有一半承载力的墙片进入下降段而仍有一半为开裂性段），

结构经小量修补仍可满足使用要求；"严重破坏"指大部分墙片达到极限抗剪承载力(楼层易损性系数等于 1 表示所有的墙片都进入下降段，或大部分墙片在开裂段，小部分墙片发生倒塌)，结构有较大的残留塑性变形，经大量补强后才能继续使用；"接近倒塌"指大部分墙片已经进入下降段，有些墙片已开始丧失侧向承载力，面临房倒屋塌的危险。

由于配筋砌体结构目前多用于民用建筑，其倒塌直接关系到人民的生命财产安全，建议设计时应避免此类结构在地震中发生倒塌，所以最后一个等级改称为"接近倒塌"。

5.5 计算程序开发

5.5.1 程序实现过程

程序实现过程如图 5.1 所示。

5.5.2 程序中几个具体问题的处理方法

1. 墙片恢复力骨架曲线上的特征点求法

由于归一化三线型骨架曲线坐标值是以比值形式给出的，在具体应用时首先确定两个参数 —— 弹性刚度 K_0 和极限剪力 P_u[85]：

$$K_0 = \cfrac{1}{\cfrac{h^3}{12EI} + \cfrac{\xi h}{GA}} \tag{5.13}$$

矩形截面 $\xi = 1.2$。

$$P_u = \frac{1}{\gamma_{RE}} \cdot \left[\frac{1}{\lambda - 0.5} \left(0.48 f_{vg} b h_0 + 0.10 N \frac{A_w}{A} \right) + 0.72 f_{yh} \frac{A_{sh}}{S} h_0 \right.$$

$$\tag{5.14}$$

101

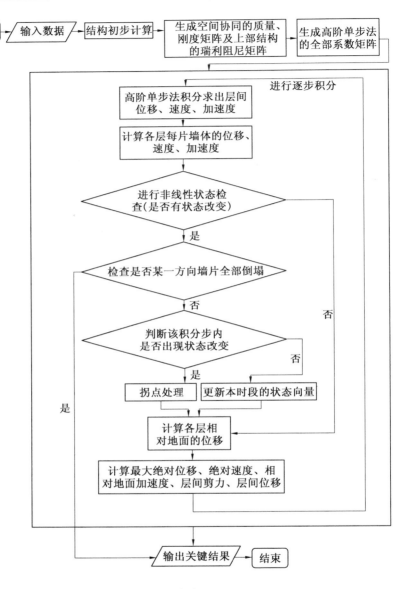

图 5.1 程序实现过程

式中 γ_{RE}—— 承载力抗震调整系数；

λ—— 墙的剪跨比；

N—— 墙截面承受的轴向力；

f_{vg}—— 灌孔砌体的抗剪强度设计值；

A_w——T 形或"工"字形截面墙体腹板截面面积；

f_{yh}—— 水平钢筋抗拉强度平均值；

A_{sh}—— 钢筋的横截面积；

S—— 水平配筋的竖向间距；

h_0—— 剪力墙截面的有效高度。

2. 墙片破坏形式的判别

配筋砌体墙片的破坏形式可分为两种：剪切型和弯剪型，在文献[79]中给出了两种破坏形式下配筋砌体墙片的恢复力骨架曲线，即本节采用的归一化骨架曲线。下面说明本节程序中是如何判断墙片的破坏类型的。

由于试验是两端固定情况，取一半高度的悬臂构件为研究对象，设整个墙片高为 $2l$，由结构力学知识，对于侧向荷载作用下高度为 l 的悬臂构件，其弯曲变形 Δ_m 和剪切变形 Δ_q 的比值为

$$\frac{\Delta_m}{\Delta_q} = \frac{l^2 GA}{3\xi EI} \tag{5.15}$$

式中 ξ—— 剪力不均匀系数，对于矩形截面 $\xi = 1.2$。

取 $G = 0.4E$，代入式（5.15）得

$$\frac{\Delta_m}{\Delta_q} = 1.33\left(\frac{l}{h}\right)^2 \tag{5.16}$$

定义临界弯剪变形比 η_{cr}，当 $\frac{\Delta_m}{\Delta_q} > \eta_{cr}$ 时认为弯曲变形的比例较大，发生弯曲破坏；$\frac{\Delta_m}{\Delta_q} < \eta_{cr}$ 时，发生剪切破坏。试验结果代入式（5.16）得其对应的弯剪变形比分别为：$\eta_1 = 0.54$，$\eta_2 = 0.23$，在没有其他的试验数据的情况下，取临界弯剪变形比 $\eta_{cr} = \frac{\eta_1 + \eta_2}{2} = 0.39$，代入式（5.16）得对应的 $\frac{l}{h} = 0.54$，所以 $2 \times \frac{l}{h} = 1.08$，在程序中，当墙体高宽比大于 1 时按弯剪型破坏计算，当高宽比小于 1 时按剪切型破坏计算。

3. 塑性力的确定

引入阻尼项，结构进入弹塑性阶段，第 n 次刚度改变后的运动方程简

写为

$$\bar{M}\ddot{x} + \bar{C}\dot{x} + \bar{K}_{n+1}x = -\bar{M}\ddot{x}_g - \sum_{i=1}^{n} P_i^{wn} \qquad (5.17)$$

其中

$$P_n^{wn} = (\bar{K}_n - \bar{K}_{n+1})x_n \qquad (5.18)$$

式中　　P_n^{wn}——第 n 次刚度改变引起的不平衡项；

　　　　$\bar{K}_n$——第 n 次刚度变化后的刚度矩阵；

　　　　x_n——发生第 n 次刚度变化时的层间位移向量；

　　　　$\sum\limits_{i=1}^{n} P_i^{wn}$——每一次刚度改变时当前运动方程的塑性力项，它等于

　　　　　　各次刚度变化引起的不平衡项的总和，在进行时程分

　　　　　　析时，每一次刚度变化引起的不平衡项由式(5.18)得

　　　　　　到，总的塑性力项即可通过累加求出。

　　根据平衡条件，楼层塑性力项也可以由各墙片的塑性力项求得，由于每一次刚度变化时，只有少数墙片发生刚度改变，而且对于一片墙发生状态改变时的塑性力项是已知的，所以由墙片塑性力项求解楼层的塑性力项既直接又节省计算量，在经过与传统做法对比验证计算结果正确后，程序中采用了这种方法简化计算塑性力项。

4. 数值积分方法

　　为使在相同积分步长下获得更精确的时程分析结果，采用高阶单步法进行非线性地震反应的时程分析计算，这是哈尔滨工业大学王焕定提出的一种新的数值积分方法。实践证明，在相同的积分步长下，该方法比传统的纽马克 β 法和威尔逊 θ 法具有更高的精度。

5. 破坏的判断及处理

　　当墙片的侧向位移大于破坏位移时，认为墙片破坏，丧失抗侧移能力，将其刚度定义为 0，及时更新刚度矩阵后，继续进行计算，当某层某一方向所有墙片都破坏后，计算停止。

6. 拐点处理的简化

　　在弹塑性时程分析时，可能有很多片墙在同一个计算步长内发生拐点，

但其精确计算[84]得到的拐点时间又不尽相同,逐一处理不仅计算工作量很大,而且往往出现异常。为了减少计算时间并使计算能够实现,本节采取了以下近似处理方法:首先求得最早和最晚发生拐点的时间,然后采用0.618位置处的时间为其"改变时间",然后按此"改变时间"同时处理本时间步内发生拐点的所有墙片,并强行计算至本时间段的末尾,再进行下一步积分,这样做的结果,大大减少了计算时间,对比"精确"和近似方法的计算结果,可以认为后者能正确反映出结构的地震反应特性,具体结果见表5.3。

表 5.3 两种方法的结构反应最大值比较

(园南住宅模型在天津波 PGA $= 0.4g$ 下的地震反应)

结构反应	精确处理拐点法			近似处理拐点法		
	最大值	发生时间	所在楼层	最大值	发生时间	所在楼层
层间位移 /mm	12.2	7.860	4	12.5	7.874	4
层间剪力 /($\times 10^6$ N)	112.3	7.812	1	113.9	7.829	1
绝对加速度 /(m·s^{-2})	6.981	10.084	20	6.950	10.090	20

5.5.3 程序的验证

弹性阶段,对于对称结构,本程序和层模型的结果应该一致。利用已有的经过验证的标准程序《结构力学程序设计和工程计算分析软件》,采用高阶单步法层模型,进行了一个 3 层对称模拟结构的对比计算,天津波下(峰值加速度 0.4g)的对比结果见表 5.4(表中"对比结果"为《结构力学程序设计和工程计算分析软件》的计算结果),两者结果完全吻合,表明了本程序中正确地实现了高阶单步数值积分方法。

表 5.4 弹性阶段第一层层间位移和绝对加速度计算结果的对比

时间 /s	层间位移 /mm		绝对加速度 /(m·s^{-2})	
	本节结果	对比结果	本节结果	对比结果
1.0	$-0.121\,39 \times 10^0$	$-0.121\,39 \times 10^0$	$0.247\,8 \times 10^{-1}$	$0.247\,7 \times 10^{-1}$
2.0	$0.304\,53 \times 10^{-1}$	$0.304\,52 \times 10^{-1}$	$0.599\,8 \times 10^{-1}$	$0.599\,7 \times 10^{-1}$
3.0	$-0.513\,64 \times 10^{-3}$	$-0.517\,10 \times 10^{-3}$	$0.831\,1 \times 10^{-1}$	$0.831\,0 \times 10^{-1}$

续表 5.4

时间 /s	层间位移 /mm		绝对加速度 /(m·s^{-2})	
	本节结果	对比结果	本节结果	对比结果
4.0	$0.431\,51 \times 10^{-1}$	$0.431\,54 \times 10^{-1}$	$-0.330\,1 \times 10^{-1}$	$-0.330\,1 \times 10^{-1}$
5.0	$0.180\,90 \times 10^{0}$	$0.180\,89 \times 10^{0}$	$-0.930\,0 \times 10^{-1}$	$-0.929\,9 \times 10^{-1}$
6.0	$-0.440\,51 \times 10^{-1}$	$-0.440\,50 \times 10^{-1}$	$-0.148\,4 \times 10^{-2}$	$-0.148\,1 \times 10^{-2}$
7.0	$0.733\,02 \times 10^{0}$	$0.733\,00 \times 10^{0}$	$-0.771\,0 \times 10^{0}$	$-0.771\,0 \times 10^{0}$

　　弹塑性阶段,为了保证程序能正确地实现设计的意图,对于影响弹塑性性质的关键参数(刚度和塑性力等),采取不同的方法进行计算,经对比并确定程序中各参数的计算是正确的。

　　图 5.2 给出的是文献[79]BV－3 试件的滞回曲线的实测结果,图 5.3 是利用本程序,按照该试件的具体参数进行计算得到的滞回曲线,对比两图可见程序中采用的退化三线型恢复力模型(图 5.4)基本上可以反映配筋砌体的滞回特性;对比图 5.3 和图 5.4 可以看出程序中正确地实现了退化三线型的恢复力模型;图 5.5 列出了一组试件的极限荷载的计算值和试验值的对比,其中计算值是本程序中的计算结果,试验值是试验结果,从图中可以看出,计算结果基本和试验结果吻合。

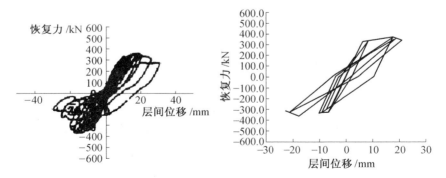

图 5.2　墙片滞回曲线(文献[79]试验结果)　图 5.3　墙片滞回曲线(本程序计算结果)

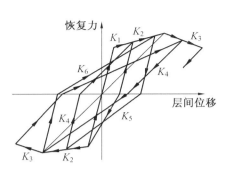

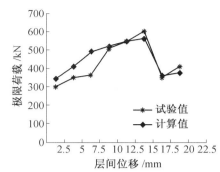

图 5.4　退化三线型恢复力模型　　　　图 5.5　极限荷载对比

由于配筋砌体的弹塑性时程分析没有理论和试验结果作为对比的依据,通过定性分析上述计算结果,来说明程序的正确性。利用本程序对上海园南小区 18 层住宅楼进行了天津波 8 度大震下的时程分析,由于楼层刚度的突变,第五层为结构的薄弱层,图 5.6 给出了第五层 20 号墙片的恢复力曲线,图 5.7 给出了结构五层的楼层恢复力曲线。当结构遭受强烈地震作用时,由于同一楼层中有多片墙体相继进入弹塑性,所以在楼层恢复力曲线上出现了平滑的过渡部分(实际上是连续的多折线),而不是像图 5.6 那样具有明显的折点,计算结果与理论分析一致。

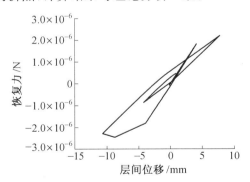

图 5.6　第五层 20 号墙片的恢复力曲线

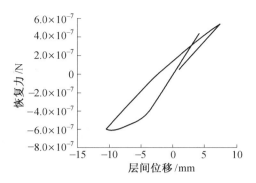

图 5.7 结构五层的楼层恢复力曲线

国家地震局工程力学研究所戴君武博士[106]围绕扭转问题,设计并完成了一组 3 个单层 RC 偏心结构模型的破坏性地震模拟振动台试验。试验是在香港理工大学的单向振动台上完成的。将该试验模型的刚度、质量等信息输入前面编写的平扭耦联时程分析程序,采用与试验相同的地震动输入进行了计算分析,下面给出几个代表性的例子说明本程序的正确性。

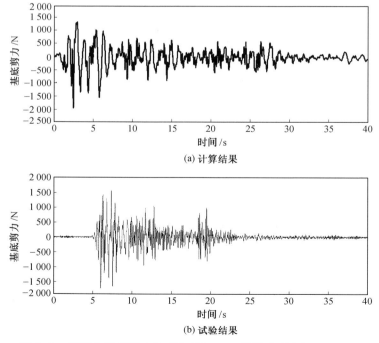

图 5.8 模型 1 基底剪力的对比(Elcentro 地震动,PGA = 0.28g)

　　图 5.8 和图 5.9 分别给出了两个模型的基底剪力和层间位移的试验结果和计算结果的比较,由图可见,采用本程序计算的基底剪力时程和层间位移时程与试验结果形状相似,峰值也比较接近;图 5.10 给出了模型 3 在峰值加速度为 0.13g 时的两个边缘(其中 1 轴为柔性边缘,3 轴为刚性边缘)的位移反应计算结果,也与试验观察到的现象"扭转震动反应明显,1 轴位移反应大,3 轴似不动"相吻合。

　　经上述的分析与对比,表明利用本程序所得结果理论分析合理,与试验数据对比比较接近,也反映了试验所观察到的宏观现象,所以可以认为程序基本实现了原定目的,计算结果可靠。

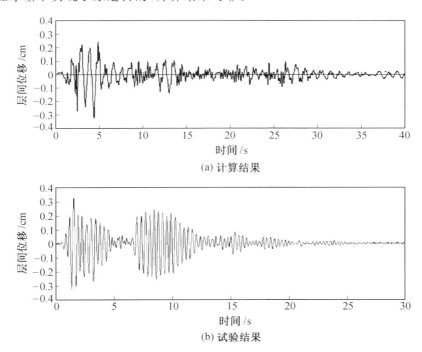

图 5.9　模型 3 层间位移的对比(Elcentro 地震动,PGA = 0.13g)

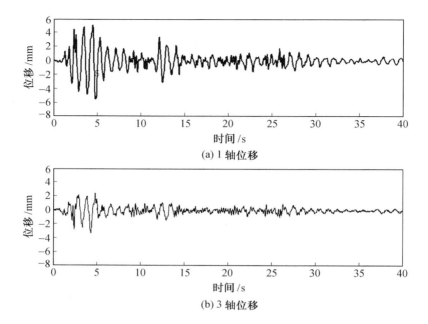

(a) 1 轴位移

(b) 3 轴位移

图 5.10　模型 3 边缘位移的对比（Elcentro 地震动，PGA ＝ 0.13g）

第6章　多高层配筋砌体偏心结构弹塑性地震反应影响参数的初步分析

2000 年第 12 届国际地震工程会议中,一些外国学者[87-89]提出了其在多层偏心结构的地震反应方面所做的工作。我国的蔡贤辉、邬瑞锋等人也编制了简化的空间模型弹塑性时程分析程序[90],并定性地分析了均匀偏心[91]和局部偏心[92]的多层结构的弹塑性地震反应。以上这些工作都是针对具有较少抗侧力构件的简化结构进行的,尽管有些研究者[92,93]指出"如果系统参数相同,一个简单的体系可以给一个复杂的多构件体系提供可靠的估计",但对于弹塑性分析而言,较少数量的构件无法反映多个构件进入弹塑性的顺序及某一构件破坏后的内力的重新分配,而且,显然单个构件无法反映多个构件的恢复力特性,其系统参数相同的前提就是不可能实现的。

目前对于多高层偏心结构的弹塑性地震反应的研究尚属起步阶段,尤其对于新兴的配筋砌体结构,这方面的研究工作仍是空白。针对配筋砌体结构,第 5 章编制了考虑平扭耦联的弹塑性地震反应时程分析程序,并提出了相应的结构地震易损性评价方法。本章进一步进行其影响参数的初步分析,拟确定以下因素对均匀偏心结构地震反应特性的影响:① 结构参数;② 地震动特性;③ 结构刚度分布情况等。在上述因素变化时考察的对象为:结构的最大层间位移、边缘构件的位移放大系数、各层层间位移的分布规律及各层的易损性系数。

基本参数的定义如下:

偏心率为 e_s/r,其中 e_s 为偏心距,即刚心和质心间的距离在某一坐标轴上的投影;r 为结构的回转半径,对于矩形平面的结构 $r = \sqrt{(a^2 + b^2)/12}$。

边缘构件的位移放大系数 v_s、v_f 分别表示刚性和柔性边缘构件最大位移与楼层质心处最大平动位移的比值,该值的大小表示结构扭转反应的大小。

6.1　分析结构简介

本章研究的结构平面如图 6.1 所示,图中结构长边方向(左右)为 x 方向,短边方向(上下)为 y 方向,主要研究 y 方向偏心情况的地震反应,结构 y 方向构件尺寸、配筋情况完全相同,且均匀对称地布置在结构平面图中,即刚度和强度都是均匀分布的,不同的偏心率是由移动楼层的质心位置产生的,结构在 x 方向墙片基本对称布置,偏心很小,结构各层偏心情况相同。结构中各墙片宽度均为 200 mm,砌块强度等级为 MU20,砂浆强度等级为 M5,灌孔混凝土强度等级为 C40,水平配筋 $2\phi12@200$。

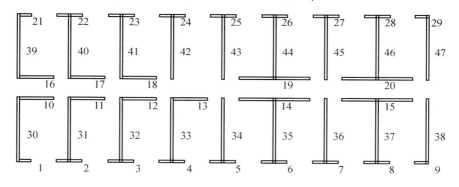

图 6.1　结构平面示意图

由于在设计时只关心结构的最危险情况,因此考察的目标均是结构在地震下的最大反应。除特殊说明外,都是 y 方向单向输入情况,地震波均采用 1985 年墨西哥地震 LA UNION N00E 记录[84],峰值加速度均调整为 400 gal(1 gal＝1 cm/s²,是地震工程中的常用单位)。以下分析均采用第 5 章编制的配筋砌体结构平扭耦联弹塑性时程分析程序(EDAPCSC)进行计算。

6.2 结构参数影响的初步分析

6.2.1 偏心率的影响

为了分析不同偏心率对偏心配筋砌体结构地震反应的影响,对不同偏心率的 6 层、9 层和 12 层结构分别进行了计算分析,不同层数结构得出了相似的结果。图 6.2 ～ 6.4 给出了 9 层结构在不同偏心率下的最大层间位移和边缘构件的位移放大系数。

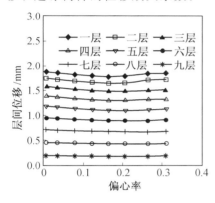

图 6.2　9 层结构最大层间位移

由图 6.2 可见结构的平动位移基本不受偏心率的影响;图 6.3 和图 6.4 都能明显地看出边缘构件的位移放大系数随偏心率而呈波浪形的变化趋势,且刚性边缘放大系数随楼层的增高而增大。由于结构的弹塑性变形主要集中在下部几层(9 层结构下部 2 ～ 3 层,12 层结构下部 5 层),对这些楼层进一步分析发现,当偏心率

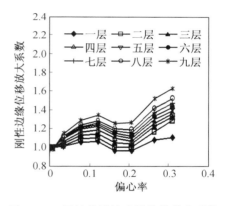

图 6.3　9 层结构刚性边缘位移放大系数

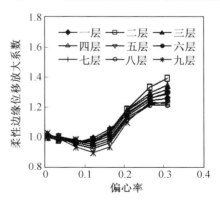

图 6.4　9 层结构柔性边缘位移放大系数

较小时(<0.2),刚性边缘的位移放大系数不大(<1.1),当偏心率大于0.2时,除第一层外其他各层刚性边缘构件位移放大系数随偏心率的增大而明显增大;与刚性边缘构件相比,各楼层柔性边缘构件的位移放大系数差别不大,且有较低楼层比较高楼层大的现象,在偏心率较小时,某些楼层甚至 $v_f < 1$;算例中没有发现结构顶部各层出现弹塑性,说明虽然这些楼层的刚性边缘构件的位移放大现象很明显,但由于其楼层的平动位移很小,因此其总的绝对位移不大,结构最危险楼层不会发生在这些部位。

分析不同偏心率下 12 层结构各层的易损性系数(见表 6.1),底部 3 层在各种情况下易损性系数都是 0.5,说明无论是否存在偏心,下部各楼层都是危险楼层;而第 4 层和第 5 层在偏心较小时的易损性系数反而大,说明偏心的增大并不一定会使结构的易损性增大;另外,随着偏心的增大,高阶振型的影响越明显。

表 6.1   不同偏心率下 12 层结构的各楼层易损性系数

所在楼层	偏心率							
	0.007	0.035	0.078	0.121	0.163	0.206	0.263	0.308
1	0.50	0.50	0.50	0.50	0.50	0.50	0.50	0.50
2	0.50	0.50	0.50	0.50	0.50	0.50	0.50	0.50
3	0.50	0.50	0.50	0.50	0.50	0.50	0.50	0.50
4	0.50	0.50	0.50	0.50	0.39	0.33	0.39	0.44
5	0.22	0.33	0.17	0.17	0.11	0.17	0.22	0.17
6	0.00	0.00	0.00	0.00	0.00	0.11	0.11	0.11
7	0.00	0.00	0.00	0.00	0.00	0.00	0.06	0.06

6.2.2   结构层数的影响

图 6.5～6.7 是不同层数结构的底层最大层间位移和边缘构件放大系数,由图可见,随着结构层数的增加,结构底层的最大层间位移增大;刚性边缘位移放大系数受层数的影响不大;柔性边缘放大系数在偏心率较小时,随层数的变化不大,当偏心率较大时表现出一定的差别。

6.2.3 结构层高的影响

图 6.8 是不同层高时 9 层结构的一层最大层间位移反应,可以看出结构的最大层间位移随层高的增大而线性增大;而分析边缘构件的位移放大系数,发现其受层高的影响不明显,即结构的扭转特性受层高的影响很小。

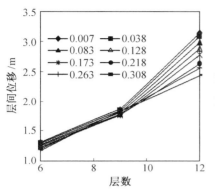

图 6.5　不同层数结构的一层最大层
　　　　间位移(图中数字为偏心率)

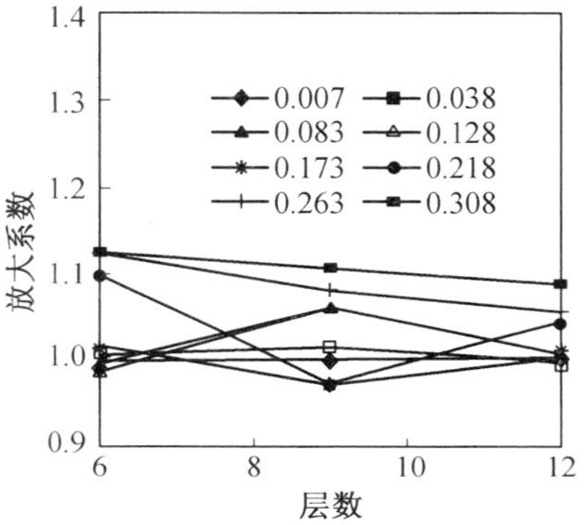

图 6.6　不同层数结构的一层刚性边缘
　　　　放大系数(图中数字为偏心率)

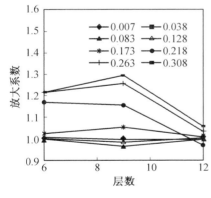

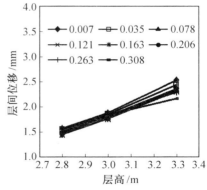

图 6.7　不同层数结构的一层柔性边
　　　　缘放大系数(图中数字为偏
　　　　心率)

图 6.8　不同层高结构的一层最大层
　　　　间位移(图中数字为偏心率)

6.3 地震动影响的初步分析

前面重点讨论了结构自身特性对偏心结构弹塑性地震反应的影响,现在进一步讨论地震动输入的影响。下面讨论的地震动特性包括:地震动强度、不同地震输入及单双向输入的影响等,所用结构仍为图 6.1 所示结构,不同的偏心率仍为偏移结构质心获得。

6.3.1 地震强度的影响

图 6.9～6.11 是不同地震输入强度下的结构反应,从图 6.9 中可以看出结构的层间位移随地震动输入的增大基本呈线性增大,图中结构反应包括了弹性阶段和弹塑性阶段,可见结构是否进入弹塑性不影响结构最大位移反应与地震动强度的规律性。图 6.10 是不同偏心率下结构一层刚性边缘构件的位移放大系数随地震输入峰值加速度的变化规律,可见在偏心率不大时,峰值加速度对刚性边缘放大系数的影响不大,当偏心率较大时其受地震输入强度的影响很大,实际上这与结构进入弹塑性有关,当地震输入的峰值加速度大于 300 gal 时,结构进入弹塑性阶段,结构特性发生了变化,就本算例而言,偏心较大时,进入弹塑性减小了刚性边缘的位移放大系数。由图 6.11 可见柔性边缘构件位移放大系数随峰值加速度变化不大。

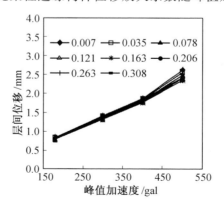

图 6.9　结构一层最大层间位移(图中数字为偏心率)

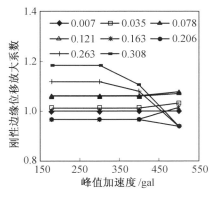 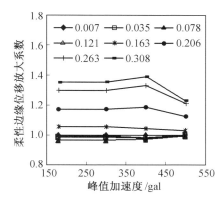

图 6.10　结构一层刚性边缘放大系数　图 6.11　结构一层柔性边缘放大系数
（图中数字为偏心率）　　　　　　（图中数字为偏心率）

6.3.2　不同地震输入的影响

图 6.12 ~ 6.14 是不同地震输入下结构的最大反应,所采用的地震波是翟长海[99] 提出的最不利地震动设计的 1、2、3 类场地中的某一地震记录分量,加速度峰值均调整为 400 gal。 各地震波代表的地震记录及文献[83] 中给出的场地类型和由加速度反应谱所得卓越周期见表 6.2。

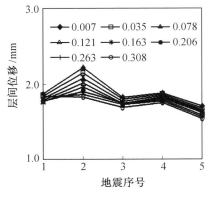 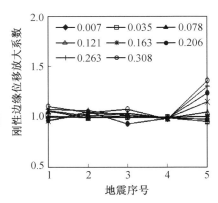

图 6.12　不同地震输入下结构一层　图 6.13　不同地震输入下结构一层刚
最大层间位移　　　　　　　　性边缘位移放大系数

由图 6.12 可以看出在不同地震输入下结构的最大位移反应略有差别,尤其当偏心率较大时差别不大。 由图 6.13 可见不同地震动输入下,结构刚性边缘位移放大系数变化不大。由图 6.14 可见结构在偏心率较小时,柔性边缘位移放大系数受不同地震输入的影响很小,随着偏心率增大,其受不同地震的影响变大;由于不同地震动输入代表了具有不同频谱特征的激励信号,其对结构的影响机理比较复杂,此部分的规律性有待进一步研究。图 6.15 给出了阻尼比为 0.05 时各地震波的加速度反应谱。

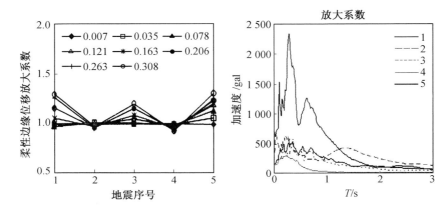

图 6.14 不同地震输入下结构一层柔 图 6.15 各地震波的加速度反应谱
　　　　性边缘位移放大系数　　　　　　　　（阻尼比 0.05）

表 6.2 地震记录及其特征

序号	地震记录	场地类型	卓越周期 /s
1	1985,La Union 地震动	1	0.11
2	1979,Elcentro 地震动	2	0.09
3	1952,Taft 地震动	2	0.23
4	1988,Gengma 地震动	2	0.19
5	1984,Coyote Lake Dam 地震动	3	0.29

6.3.3 单双向地震输入的影响

1. 单向偏心情况

对前述结构,分别采用 y 方向峰值加速度为 400 gal、300 gal、180 gal,x 方向的峰值加速度按原地震记录的比例调整,对结构进行了单双向地震输入的对比计算。发现无论输入地震动峰值加速度多大,也不管结构是否进入弹塑性,单双向地震输入下结构的反应基本相同。可见对于前面讨论的单向偏心结构,由于 x 方向不存在偏心,该方向的地震作用不会对结构 y 方向的地震反应产生影响。

2. 双向偏心的情况

在前面分析的结构的基础上,偏移质量中心使 x 向偏心率为 0.1,发现单双向地震输入下,结构 y 方向的平动位移相同,平动反应不受垂直方向地震动的影响;图 6.16 和图 6.17 分别是双向偏心下结构的边缘位移放大系数的比较,由图可见,刚性边缘构件的位移放大系数的差别不大;柔性边缘位移放大系数在偏心率较小时,略有差别,当偏心率较大时趋于吻合,进一步分析表明,这些单双向反应无差别的情况结构都已进入弹塑性,说明进入弹塑性阶段后,结构受双向地震动输入的影响可以忽略。

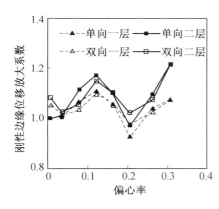 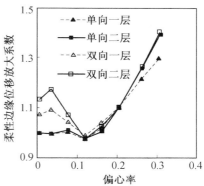

图 6.16　刚性边缘位移放大系数　　图 6.17　柔性边缘位移放大系数

6.4　不同刚度分配的比较

下面讨论的不同结构,是在前面对称结构的基础上删减墙片得到的。结构 1 为图 6.1 所示的 y 方向平面对称结构,结构 2 为结构 1 去除墙片 37 和 46 得到,结构 3 为去除墙片 36 和 45 得到,结构 4 为去除墙片 35 和 44 得到,结构 5 为去除墙片 44、45、35、36 得到,结构 6 为去除墙片 45、46、36、37 得到。为了讨论同一结构形式不同偏心率的情况,对每一结构都采用偏移质量中心的方法获得不同偏心率的多种情况。以下用到的偏心率是指初始弹性偏心率。

6.4.1　结构最大层间位移的比较

由前面的分析可知,各层最大位移随偏心率的变化规律相同,且有随着楼层位置的升高最大位移线性减小的规律,所以可以通过分析结构底层的变形特征来反映结构整体的变形特性。图 6.18 是各结构的一层最大层间位移,由这些图形可见结构在地震作用下的最大层间位移与偏心率之间存在着区域性的关系,也即在某区间内,结构的最大层间位移基本相等,而不同区域之间的差别很大(结构 5、6 表现得非常明显)。

另外,从图中还可以清晰地观察到结构的最大层间位移随平动刚度的减小而增大,且同区间内,相同侧移刚度结构的层间位移基本相同(包括超出"区间"发生突变后,仍有此规律)。图 6.19 给出了几个不同偏心率情况下,结构层间位移随侧移刚度的变化规律。

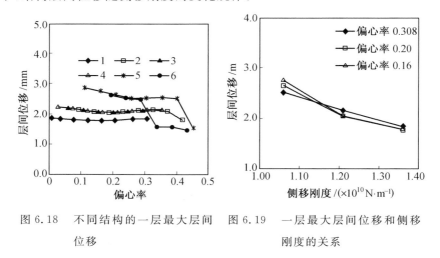

图 6.18　不同结构的一层最大层间　　图 6.19　一层最大层间位移和侧移
　　　　　　位移　　　　　　　　　　　　　　　　刚度的关系

6.4.2　边缘构件的位移放大系数

对上述 6 种结构的各层刚性边缘构件的位移放大系数 v_s 进行分析,发现各结构 v_s 随偏心率增大而有波动现象,且对于偏心较小的结构,各楼层的刚性边缘位移放大系数基本按同一规律渐变,对于偏心较大的结构,楼层位置越高 v_s 越大;也发现 v_s 同样具有区域性,结构 5 和 6,与上节中楼层位移突然减小情况相应处的 v_s 突然增大。图 6.20 是各结构的一层刚性边缘位移放大系数,从图中可以清楚地观察到 v_s 随偏心率的波动性变化规律及结构 5、6 在超出区间后的突变现象。

对结构柔性边缘构件的位移放大系数进行分析,发现各结构的 v_f 随偏心率也有"s"形的递增变化规律;与前节中的楼层平动位移突然减小情况相应,结构 5 和 6 的 v_f 突然增大。图 6.21 是各结构的一层最大柔性边缘位移放大系数,从图中可以更清楚地观察到 v_f 随偏心率而呈"s"形的递增变化规律,同时也可以看出 v_f 的区域性规律。

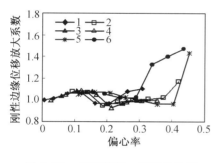 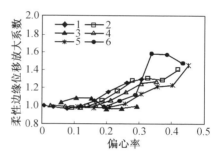

图 6.20　不同结构一层刚性边缘　　图 6.21　不同结构一层柔性边缘
　　　　　位移放大系数　　　　　　　　　　　位移放大系数

分析边缘位移放大系数随偏心率波动性的产生原因:由于在不同偏心率下结构边缘构件进入弹塑性的时间及其发展程度不同,其发挥的耗能作用也不相同,一般意义上讲,偏心情况越大,则结构的弹性扭转反应越大,边缘构件的位移放大系数就越大,但随着边缘构件进入弹塑性程度的加深,其发挥的耗能作用也越大,又能减小结构的地震反应,于是产生了 v_s、v_f 随偏心率波动的现象。

分析"区域性"产生的原因:结构在偏心较小时以平动反应为主,而在偏心较大时以扭转反应为主,所以就出现了最大层间位移和边缘位移放大系数的"区域性"规律;而结构 5 和 6 的扭转刚度较小,抵抗扭转反应的能力较弱,所以其区域性的临界偏心率比其他结构小。

6.4.3 边缘构件的最大位移

前面为了说明偏心结构的地震反应特性,讨论了不同结构在不同偏心率下的最大平动层间位移和结构边缘构件位移放大系数,发现在某些情况下,当层间位移急剧减小时,结构边缘位移放大系数急剧增大。在进行抗震分析时,关心的是那些危险位置构件的绝对地震位移反应,所以下面分别给出刚性边缘和柔性边缘的最大层间位移,以观察各结构中最危险构件所达到的危险程度。分析刚性边缘和柔性边缘的最大位移,发现在无偏心结构及偏心较小的结构(偏心率小于 0.2)中最大边缘位移发生在结构一层,边缘构件最大位移反应随着楼层位置的增高而减小;而对于偏心较大的结构(偏心率大于 0.25),边缘构件的最大位移反应发生在结构的第二层,二层以上各层最大位移仍有随楼层增高而减小的规律,偏心率在 0.2～0.25 的结构最大边缘位移可能发生在一层或二层。对于前面层间位移急剧减小时边缘位移放大系数急剧增大的情况,观察到边缘位移的变化规律和层间平动位移的变化规律基本相同,可见对于偏心结构的地震反应,在目前没有考虑地震动扭转分量的前提下,平动位移反应分量仍起主导作用,扭转反应使某些边缘构件提前进入非线性,但对边缘构件位移的放大作用是有限的。图 6.22 和图 6.23 分别给出了结构一层刚性边缘和柔性边缘的最大位移。

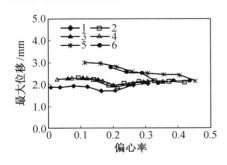

图 6.22 结构一层刚性边缘构件的最大位移

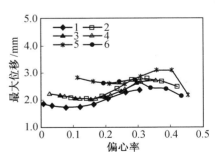

图 6.23 结构一层柔性边缘构件的最大位移

6.4.4 结构易损性系数比较

表 6.3 给出了不同偏心率下,结构 6 下部 4 层的易损性系数,表中数据说明,相应于前面讨论的结构平动位移减小,结构的易损性系数也减小,这再次说明在结构总的地震反应中,平动反应的主导地位。分析原因:当偏心率较大时,结构的扭转反应会加大,可能使某些边缘构件较早地进入弹塑性阶段,对于经过合理配筋的砌体构件,进入弹塑性阶段后,它们能充分发挥耗能作用,减小了结构的总地震反应。

表 6.3 不同偏心率下,结构 6 下部 4 层的易损性系数

楼层	偏心率					
	0.192	0.241	0.289	0.338	0.387	0.435
1	0.500	0.500	0.500	0.143	0.214	0.214
2	0.500	0.500	0.500	0.214	0.214	0.214
3	0.357	0.500	0.500	0.143	0.214	0.214
4	0.071	0.000	0.214	0.071	0.143	0.071

6.4.5 边缘放大系数的规律性

边缘放大系数实质上是结构扭转反应特性的标志,对不同结构刚度分布形式边缘放大系数进行分析,初步认为该系数与扭转刚度、平动刚度、回转半径和偏心率有关,其关系如图 6.24 和图 6.25 所示。

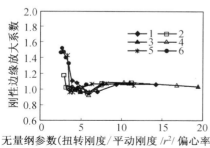

图 6.24 不同结构一层刚性边缘
放大系数

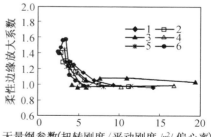

图 6.25 不同结构一层柔性边缘
放大系数

6.5　余震影响分析

6.5.1　地震序列的基本类型及特点

地震序列是指在一定的时间、空间范围内连续发生的一系列大小地震,且其发震机制具有某种内在联系或有共同发震构造的一组地震总称。地震序列大体可分为如下 3 种类型:

(1)主震型序列:此序列中主震所释放的能量占全序列地震能量的90% 以上,主震发生后余震释放能量迅速减小。

(2)震群型序列:主要的能量是通过多次震级相近的地震释放的,最大地震的地震波能量占全序列的80% 以下。

(3)双震型序列:可以看成是有两个相继发生的、震级相近的主震型序列组合而成。

6.5.2　考虑余震影响的计算机实现及结构易损性定义

在原程序中增加余震分析部分,首先进行主震下的地震反应分析,之后记录结构中各构件的弹塑性信息,作为余震作用分析时的初始状态,再进行余震作用下的弹塑性地震反应分析。考虑余震影响的配筋砌体结构易损性的评价方法及易损性系数的定义同前。

6.5.3　偏心配筋砌体结构主余震作用下反应初步分析

1. 结构简介

(1)结构一。

本结构主体为10层偏心配筋砌体结构住宅,各层层高均为3.3 m。砌块采用单排孔普通混凝土砌块,主砌块的规格为 390 mm × 190 mm × 190 mm;孔洞率为 0.5,灌孔率为 1。

结构墙体布置各层相同。墙体厚均为 190 mm,现浇钢筋混凝土楼盖,屋盖板厚 120 mm,楼盖板厚 80 ~ 120 mm,各层的墙顶均设置现浇的混凝土圈梁,宽度 190 mm,配筋 4ϕ12,箍筋 ϕ6,间距 200 mm。

结构设计使用年限为 50 年,建筑抗震设防类别为丙类。建筑场地类别 Ⅱ 类场地,抗震设防烈度 8 度,设计基本地震加速度 0.2g,设计地震分组为第一组。根据《建筑抗震设计规范》表 F.1.2 规定 8 度设防高度大于 24 m,结构抗震等级为一级。现浇钢筋混凝土楼板、圈梁均为 C20 混凝土。墙体均为 MU15 混凝土小型空心砌块;砌筑砂浆为 M10 混合砂浆。设计时结构 x、y 向均有偏心,静力偏心距 x 向为 1.474 m、y 向为 1.441 m。

(2)结构二。

本结构主体为 8 层偏心配筋砌体结构住宅,各层层高均为 3.0 m。砌块采用单排孔普通混凝土砌块,主砌块的规格为 390 mm × 190 mm × 190 mm;孔洞率为 0.5,灌孔率为 1。

结构墙体布置各层相同。墙体厚均为 190 mm,现浇钢筋混凝土楼盖,屋盖板厚 120 mm,楼盖板厚 80 ~ 120 mm,各层的墙顶均设置现浇的混凝土圈梁,宽度 190 mm,配筋 4ϕ12,箍筋 ϕ6,间距 200 mm。

结构设计使用年限为 50 年,建筑抗震设防类别为丙类。建筑场地类别 Ⅰ 类场地,抗震设防烈度 8 度,设计基本地震加速度 0.2g,设计地震分组为第一组。根据《建筑抗震设计规范》表 F.1.2 规定 8 度设防高度大于 24 m,结构抗震等级为一级。现浇钢筋混凝土楼板、圈梁均为 C20 混凝土。墙体均为 MU15 混凝土小型空心砌块;砌筑砂浆为 M10 混合砂浆。设计时结构 y 向有偏心,静力偏心距 y 向为 1.200 m。

两结构平面布置及构件编号如图 6.26、6.27 所示,本节中 x 向是图中水平方向(自左向右),y 向是图中铅垂方向(自下而上)。

2.结构设计

针对 Ⅰ、Ⅱ 两类建筑场地上的抗震设防均为 8 度的两个扭转不规则结构依据《建筑抗震设计规范》(GB 50011—2010)、《砌体结构设计规范》(GB 50011—2011)规定进行结构设计。

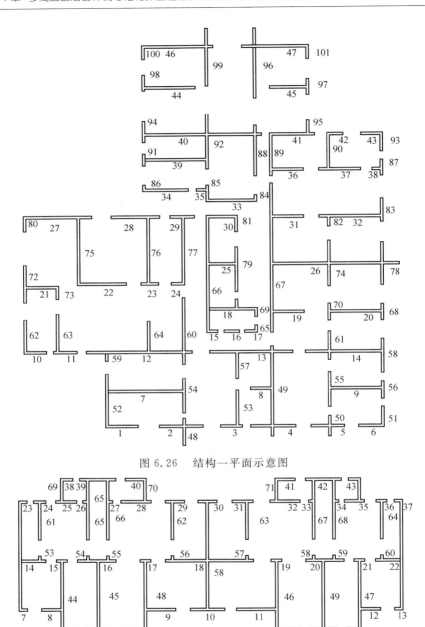

图 6.26 结构一平面示意图

图 6.27 结构二平面示意图

　　依据《建筑抗震设计规范》(GB 50011—2010) 要求,平面明显不规则的结构,应按平扭耦联的振型分解反应谱法计算。由于结构一、二设计时均有较大初始偏心,所以均采用考虑扭转耦联的振型分解反应谱法计算。本部分利用软件包(MSSP)中的考虑扭转耦联的振型分解反应谱法的程序对以上两结构进行计算,得出各墙片的剪力标准值进行内力组合后得出各墙片的剪力设计值,依据《建筑抗震设计规范》(GB 50011—2010) 规定,两结构底层加强区截面的组合剪力设计值应乘以增大系数,本章中两结构建筑抗震等级均为一级,所以采用剪力增大系数为 1.6,以调整后的剪力设计值对墙片进行配筋计算。表 6.4 ～ 6.5 中的截面剪力设计值已按规定进行了调整。

表 6.4　　结构一底层 x 方向墙片剪力设计值　　　　　　　kN

序号	剪力	序号	剪力	序号	剪力	序号	剪力	序号	剪力
1	80.32	2	146.88	3	68.80	4	118.88	5	146.88
6	80.32	7	513.76	8	97.60	9	480.80	10	42.72
11	52.96	12	747.04	13	814.24	14	730.08	15	5.12
16	13.28	17	13.28	18	459.36	19	222.72	20	532.48
21	357.92	22	339.2	23	9.12	24	46.08	25	214.24
26	1 583.36	27	874.08	28	151.04	29	102.24	30	223.84
31	242.72	32	679.04	33	513.44	34	272.64	35	40.00
36	300.32	37	384.64	38	10.24	39	713.76	40	1 593.60
41	474.88	42	55.20	43	115.36	44	507.36	45	459.04
46	1 067.36	47	968.00						

表 6.5　　结构一底层 y 方向墙片剪力设计值　　　　　　　kN

序号	剪力	序号	剪力	序号	剪力	序号	剪力	序号	剪力
48	287.68	49	1 482.56	50	241.44	51	120.32	52	733.44
53	492.16	54	179.20	55	440.48	56	19.20	57	239.04
58	270.08	59	59.84	60	638.56	61	178.40	62	277.6
63	309.76	64	414.40	65	4.48	66	1 143.52	67	1 454.08
68	34.4	69	4.48	70	9.28	71	14.08	72	118.40
73	7.36	74	250.56	75	583.36	76	544.00	77	524.80
78	135.52	79	84.64	80	66.24	81	14.08	82	5.44
83	54.40	84	1.28	85	54.40	86	1.60	87	105.60
88	690.56	89	532.32	90	402.08	91	46.08	92	972.8
93	43.84	94	408.16	95	164.48	96	1 125.60	97	85.28
98	72.64	99	875.68	100	58.72	101	47.68		

表 6.6　结构二底层 x 方向墙片剪力设计值　　　　kN

序号	剪力	序号	剪力	序号	剪力	序号	剪力	序号	剪力
1	45.44	2	220.80	3	45.44	4	45.44	5	221.76
6	45.44	7	9.12	8	174.72	9	174.72	10	59.36
11	174.72	12	174.4	13	6.72	14	283.20	15	12.00
16	797.44	17	12.00	18	823.68	19	12.00	20	797.44
21	12.00	22	283.20	23	6.72	24	28.00	25	92.16
26	2.08	27	6.72	28	92.16	29	28.00	30	45.28
31	28.00	32	92.16	33	2.08	34	2.08	35	92.16
36	28.00	37	6.72	38	28.16	39	772.48	40	28.16
41	28.06	42	772.48	43	28.16				

表 6.7　结构二底层 y 方向墙片剪力设计值　　　　kN

序号	剪力	序号	剪力	序号	剪力	序号	剪力	序号	剪力
44	771.2	45	622.24	46	539.04	47	387.2	48	663.84
49	497.60	50	1 340.40	51	992.96	52	553.6	53	1.60
54	1.60	55	1.60	56	1.28	57	1.28	58	1.60
59	1.12	60	1.12	61	270.40	62	225.92	63	208.00
64	134.56	65	525.76	66	502.40	67	396.96	68	373.60
69	126.40	70	102.08	71	88.48	72	74.72		

　　所选取的上述两结构通过考虑扭转耦联的振型分解反应谱法得出各墙剪力值设计值后,根据《建筑抗震设计规范》(GB 50011—2010)中 F.2.2、F.2.3、F.2.4 条并结合《砌体结构设计规范》(GB 50011—2011)规定计算。

　　以结构一为例简要说明,屋面永久荷载标准值为 6.0 kN/m^2,屋面(不上人屋面)活荷载为 0.7 kN/m^2,楼面永久荷载标准值为 3.9 kN/m^2,楼面活荷载为 2 kN/m^2,墙体采用 190 mm 混凝土小砌块砌体抗震墙(自重 24 kN/m^2)。根据《建筑抗震设计规范》(GB 50011—2010)规定,墙片水平钢筋布置应满足大于 0.10% 的最小配筋率以及不小于 2ϕ8@600 mm 的要求。依据《砌体结构设计规范》(GB 50011—2011)中 3.2.1 条第 4 款公式(6-1),计算出本章结构一砌块强度 MU15、砂浆强度 M10、灌孔混凝土强度为 C20 的灌孔砌体强度设计值 $f_g = 4.32$ MPa,依据《建筑抗震设计规范》(GB 50011—2010)中 F.2.4 条公式(F.2.4-1)及公式(F.2.4-2)计算,各构件选用钢筋 2ϕ10@200 mm,实配钢筋面积为 157.0 mm²。水平钢筋满足计算与构造要求。

同理依据《砌体结构设计规范》(GB 50011—2011)及《建筑抗震设计规范》(GB 50011—2010)规定,结构二各构件选用钢筋 2ϕ12@200 mm,实配钢筋面积为 226.1 mm²。水平钢筋满足计算与构造要求。

3. 结构在主余震作用下的地震动输入

在研究分析主余震作用下偏心配筋砌体结构反应规律时,根据《建筑抗震设计规范》(GB 50011—2010)规定,进行结构弹塑性时程分析时,每条加速度时程曲线计算所得结构底部剪力不应小于振型分解法计算结果的 65%,以此作为判别所选地震动正确与否的定量准则,本章所选的 Elcentro 加速度时程曲线满足此要求,如图 6.28 所示为此地震动加速度时程曲线(记录间隔为 0.02 s,峰值加速度为 341.7 cm/s²)。

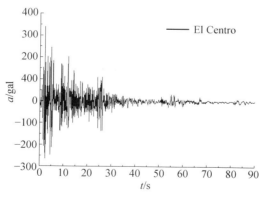

图 6.28 地震动加速度时程曲线

由于在设计时只关心结构的最危险情况,故而考察的目标是结构在地震动作用下的最大反应,所以在地震动输入时为结构在某薄弱向的地震动单向输入。所选结构一、二经验算均 x 向为薄弱向,所以均采用 x 向单向输入地震动。

在分析结构主余震作用下的反应规律时,利用第 5 章编制的程序

EDAPECSC,对结构采取单次主震与单次余震组合的方式输入地震动,并且使结构在主震作用后首先处于静止状态(即结构各层层间速度、加速度、各层相对地面速度、加速度参数设置为0),而后再输入余震地震动,以此来模拟主震、余震的作用。主、余震地震动均采用同一加速度时程曲线,通过调整地震动峰值加速度来考察不同大小主余震地震动输入情况下结构破坏状态。

4. 结构在主余震作用下的反应分析

利用第 5 章编制的程序 EDAPCSC,在表 6.8 地震动输入下,对上述两个结构进行弹塑性动力反应分析计算,分析研究结构在主余震作用下的破坏状态,并给出相应结果。对考察的两个结构进行时程反应分析时,输入的主震地震动加速度时程曲线的最大值均按照《抗震设计规范》(50011—2010)表5.2.2—2规定采用,由于结构一、二均为 8 度抗震设防,主震峰值加速度分别采用 0.1g(相当于 70 cm/s^2)、0.2g、0.3g、0.4g(相当于400 cm/s^2)。按照前述的地震序列类型的不同,余震分别为峰值加速度约为主震峰值加速度的 0.5 ～ 1.0 倍的多次地震动,两者组合可见表 6.8。

表 6.8　输入地震动组合

模型	工况	主震峰值加速度	余震峰值加速度
一、二	Ⅰ	0.1g	0.1g
	Ⅱ	0.2g	0.1g
			0.15g
			0.2g
	Ⅲ	0.3g	0.15g
			0.2g
			0.3g
	Ⅳ	0.4g	0.2g
			0.3g
			0.4g

5. 结构在主余震作用下各层易损性系数分析

(1)结构一。

由结构一在主余震作用下各层易损性系数可以看出,结构薄弱层为底层。结构在经历 0.2g 主震作用后,再次遭受 0.2g 余震作用时,底层楼层易损性系数增长了 5.03%,结构破坏状态与主震作用时相同,均为轻微破坏,如图 6.29 所示。结构在经历 0.3g 主震作用后,再次遭受 0.3g 余震作用时,底层楼层易损性系数增长了 24.14%,结构破坏状态由主震后的中等破坏变为严重破坏,如图 6.30 所示。结构在经历 0.4g 主震作用后,再次遭受 0.4g 余震作用时,底层楼层易损性系数增长了 161.44%,结构破坏状态由主震后的严重破坏变为倒塌,如图 6.31 所示。结构在其他主余震组合作用下,余震后,楼层易损性系数未变化,结构一分别在主震及主余震作用下各楼层易损性系数具体见表 6.9。

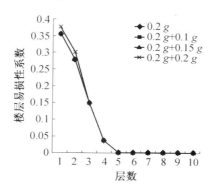

图 6.29 结构一在峰值加速度 0.2g 主震作用时,及各峰值加速度余震作用后各层易损性系数

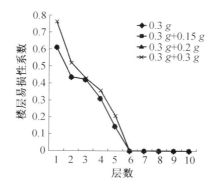

图 6.30 结构一在峰值加速度 0.3g 主震作用时,及各峰值加速度余震作用后各层易损性系数

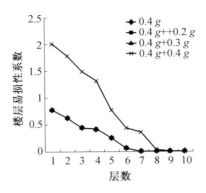

图 6.31　结构一在峰值加速度 0.4g 主震作用

时,及各峰值加速度余震作用后各层

易损性系数

表 6.9　结构一分别在主震及主余震作用下各楼层易损性系数

层数	峰值加速度													
	0.4g	0.4g+0.4g	0.4g+0.3g	0.4g+0.2g	0.3g	0.3g+0.3g	0.3g+0.2g	0.3g+0.15g	0.2g	0.2g+0.2g	0.2g+0.15g	0.2g+0.1g	0.1g	0.1g+0.1g
1	0.765	2	0.765	0.765	0.613	0.761	0.613	0.613	0.358	0.376	0.358	0.358	0	0
2	0.618	1.772	0.618	0.618	0.437	0.521	0.437	0.437	0.277	0.301	0.277	0.277	0	0
3	0.437	1.484	0.437	0.437	0.424	0.431	0.424	0.424	0.148	0.148	0.148	0.148	0	0
4	0.416	1.308	0.416	0.416	0.312	0.358	0.312	0.312	0.036	0.036	0.036	0.036	0	0
5	0.25	0.761	0.25	0.25	0.143	0.21	0.143	0.143	0	0	0	0	0	0
6	0.057	0.437	0.057	0.057	0	0	0	0	0	0	0	0	0	0
7	0	0.358	0	0	0	0	0	0	0	0	0	0	0	0
8	0	0.036	0	0	0	0	0	0	0	0	0	0	0	0
9	0	0	0	0	0	0	0	0	0	0	0	0	0	0
10	0	0	0	0	0	0	0	0	0	0	0	0	0	0

(2)结构二。

由结构二在主余震组合作用下各层易损性系数可看出,结构薄弱层为底层。结构在经历 0.2g 主震作用后,再次遭受 0.2g 余震作用时,底层楼层易损性系数增长了 5.03％,结构破坏状态与主震作用时相同,均为轻微破坏,如图 6.32 所示。结构在经历 0.3g 主震作用后,再次遭受 0.3g 余震作用时,底层楼层易损性系数增长了 24.14％,结构破坏状态由主震后的中等破坏变为严重破坏,如图 6.33 所示。结构在经历 0.4g 主震作用后,再次遭受 0.4g 余震作用时,底层楼层易损性系数增长了 127.01％,结构破坏状态由主震后的严重破坏变为倒塌,如图 6.34 所示。结构在其他主余震组合作用下,余震后,楼层易损性系数未变化。结构二分别在主震及主余震作用下各楼层易损性系数见表 6.10。

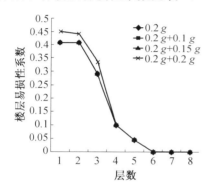

图 6.32　结构二在峰值加速度 0.2g 主震作用时,及各峰值加速度余震作用后各层易损性系数

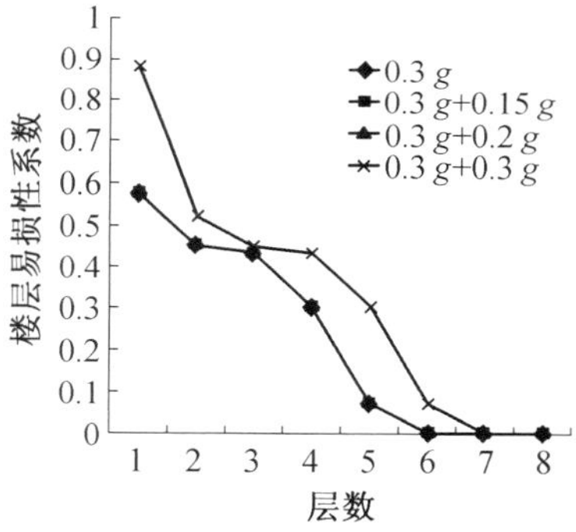

图 6.33　结构二在峰值加速度 0.3g 主震作用时,及各峰值加速度余震作用后各层易损性系数

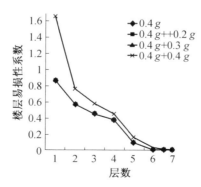

图 6.34　结构二在峰值加速度 0.4g 主震作用时,及各峰值加速度余震作用后各层易损性系数

表 6.10　结构二分别在主震及主余震作用下各楼层易损性系数

层数	峰值加速度													
	0.4g	0.4g + 0.4g	0.4g + 0.3g	0.4g + 0.2g	0.3g	0.3g + 0.3g	0.3g + 0.2g	0.3g + 0.15g	0.2g	0.2g + 0.2g	0.2g + 0.15g	0.2g + 0.1g	0.1g	0.1g + 0.1g
1	0.881	0.674	0.881	0.881	0.576	0.881	0.576	0.576	0.407	0.45	0.407	0.407	0	0
2	0.576	0.775	0.576	0.576	0.45	0.523	0.45	0.45	0.407	0.442	0.407	0.407	0	0
3	0.45	0.584	0.45	0.45	0.436	0.45	0.436	0.436	0.291	0.333	0.291	0.291	0	0
4	0.384	0.453	0.384	0.384	0.305	0.361	0.305	0.305	0.1	0.1	0.1	0.1	0	0
5	0.1	0.167	0.1	0.1	0.072	0.072	0.072	0.072	0.044	0.044	0.044	0.044	0	0
6	0	0.036	0	0	0	0	0	0	0	0	0	0	0	0
7	0	0	0	0	0	0	0	0	0	0	0	0	0	0
8	0	0	0	0	0	0	0	0	0	0	0	0	0	0

6. 结构在主余震作用下破坏状态分析

由上述分析可以看出,结构在不同组合的主余震作用下,薄弱层易损性系数增长幅度不同,由于地震作用的极大不确定性,故而不宜采用易损性系数增长幅度对余震作用后破坏状态的加深进行描述。

根据前面定义的易损性评价方法,对余震作用后破坏状态的加深进行描述。若结构在余震作用后,薄弱层易损性系数没有变化,则认为结构破坏状态没有加深;若薄弱层易损程度没有变化,而薄弱楼层易损性系数增长,则认为结构破坏状态略有加深;若薄弱层易损程度变化一个等级,则认为结构破坏状态明显加深;若薄弱层易损程度变化两个等级及以上,则认为结构破坏状态显著加深。

针对按我国现行规范设计的偏心配筋砌体结构,分析研究其在主余震作用下的反应规律,目的在于考察设计此类扭转不规则结构时,是否有必要考虑余震作用,且在何种情况下必须考虑余震的作用。下面分析两结构在各种主余震组合下的破坏状态。

（1）主震峰值加速度 0.1g 时。

由于两结构均为 8 度抗震设防，依据《建筑抗震设计规范》(50011—2010) 表 5.1.2－2 规定，在分析抗震设防多遇地震作用时，时程分析所用地震峰值加速度为 70 cm/s²。

结构一、二在相应于抗震设防多遇地震的主震作用下，结构处于弹性状态，各层易损性系数均为 0，各层破坏状态均为基本完好。在对应于双震型序列的余震(峰值加速度为 0.1g)作用时，结构仍处于弹性状态，各层易损性系数均为 0，破坏状态为基本完好。

(2) 主震峰值加速度 0.2g 时。

依据《建筑抗震设计规范》(GB 50011—2010)，主震峰值加速度 0.2g 是结构 8 度设防对应的设计基本地震加速度值。结构一、二在相应于抗震设防基本烈度的主震作用下，均处于弹塑性状态，薄弱层的易损性系数分别为 0.358、0.407，薄弱层破坏状态均为轻微破坏，仍能满足正常使用。在对应于双震型序列的余震(峰值加速度为 0.2g)作用时，结构一、二薄弱层易损性系数值均有所增长，破坏状态均略有加深；在对应于震群型序列的余震(峰值加速度为 0.15g)作用时，结构一、二破坏状态均没有加深；在对应于主震型序列的余震(峰值加速度为 0.1g)作用时，结构一、二破坏状态均没有加深。

(3) 主震峰值加速度为 0.3g 时。

结构一、二在峰值加速度为 0.3g 的主震作用下，结构薄弱层易损性系数分别为 0.613、0.576，结构破坏状态均为中等破坏，结构经小量修补仍可满足使用要求。在对应于双震型序列的余震(峰值加速度为 0.3g)作用时，结构一、二薄弱层易损性系数值均增长，破坏状态均明显加深；在对应于震群型序列的余震(峰值加速度为 0.2g)作用时，结构一、二破坏状态均没有加深；在对应于主震型序列的余震(峰值加速度为 0.15g)作用时，结构一、二破坏状态均没有加深。

(4) 主震峰值加速度为 0.4g 时。

由于两结构均为 8 度抗震设防，依据《建筑抗震设计规范》(50011—2001) 表 5.1.2－2 规定，在分析抗震设防罕遇地震作用时，时程分析所用地震峰值加速度为 400 cm/s²。

结构一、二在抗震设防罕遇烈度的主震作用下，薄弱层易损性系数分别为 0.765、0.881，结构破坏状态均为严重破坏，结构有较大的残留塑性变形，经大量补强后能继续使用。在对应于双震型序列的余震（峰值加速度为 0.4g）作用时，结构一、二薄弱层易损性系数值均有较大增长，破坏状态已分别为倒塌、接近倒塌，破坏状态均显著加深；在对应于震群型序列的余震（峰值加速度为 0.3g）作用时，结构一、二破坏状态均没有加深；在对应于主震型序列的余震（峰值加速度为 0.2g）作用时，结构一、二破坏状态均没有加深。

（5）从以上两结构计算的结果可以看出，在主余震作用下，破坏状态的增长程度在结构各楼层中呈不均匀性，其中在结构的薄弱层增长幅度最大（即单次主震破坏最为严重的楼层），沿薄弱层向上逐层递减。

由此看出，结构在遭受抗震设防多遇地震的主震作用后，再次遭受双震型序列的余震作用时，结构破坏状态没有加深；结构在遭受抗震设防基本烈度的主震作用后，再次遭受双震型序列的余震作用时，结构破坏状态略有加深；结构在遭受稍大于抗震设防基本烈度的主震作用后，再次遭受双震型序列的余震作用时，结构破坏状态明显加深；结构在遭受抗震设防罕遇烈度主震作用后，再次遭受双震型序列的余震作用时，结构破坏状态为倒塌或接近倒塌，结构破坏状态显著加深，余震作用不容忽视。

结构在各种强度主震作用后，再次遭受震群型序列的余震作用时，破坏状态没有加深；再次遭受主震型序列的余震作用时，破坏状态没有加深，表明依据我国现行规范设计的偏心配筋砌体结构，在抗震设防各种烈度主震作用后，在群震型余震或主震型余震作用时仍安全。

由上述分析可以看出，双震型序列的余震对结构造成的破坏程度最为严重。所以在对偏心配筋砌体结构进行设计时，若建筑场地发震机制为双震型序列，必须要考虑余震作用。

第7章 配筋砌体均匀偏心结构地震作用计算简化方法

7.1 概　述

本章将基于规范中地震作用效应的计算方法,通过计算试验建立偏心结构设计剪力和扭矩的简化计算方法。

采用均匀设计法进行了试验设计,针对均匀偏心高层配筋砌体结构,经仿真计算和回归分析建立平扭耦联的振型分解反应谱法楼层剪力和扭矩与底部剪力法楼层剪力及静力扭矩的关系公式,方差分析表明该关系是高度显著的。这给高层均匀偏心配筋砌体结构的实用抗震设计提供了初步确定承载力的依据,摆脱了采用平扭耦联振型分解反应谱法设计时,对计算机的依赖性,便于设计人员应用。

在进行偏心结构抗震设计时,很多外国规范以相近的形式给出了设计偏心距的计算公式,其基本形式如下:

$$e_{d1} = \alpha e + \beta b \tag{7.1a}$$

$$e_{d2} = \gamma e - \beta b \tag{7.1b}$$

式中　e_{d1}——柔性边缘计算偏心距;

$\qquad e_{d2}$——刚性边缘计算偏心距;

$\qquad e$——静力偏心距;

$\qquad b$——偏心距对应边的边长;

$\qquad \alpha$、γ——动力偏心距调整系数;

$\qquad \beta$——考虑偶然偏心的系数。

不同规范中的各系数取值见表7.1。

表 7.1　各国规范抗扭设计时所需的系数取值

系数 规范	α	γ	β	说明
加拿大 NBCC1995	1.5	0.5	0.1	
美国统一规范 UBC1997	1.0	1.0	$0.05A_x$	
新西兰国家标准 NZS4203 — 1992	1.0	1.0	0.1	须满足平面不 规则的限制
墨西哥规范 Mexico Code1993	1.5	0.5	0.1	$e > 0.1b$ 时底部 剪力须增大 25%
AUS — 93	$2.6 - 3.6(e/b) \geqslant$ 1.4	0.5	0.05	
欧洲规范 EC8 — 89	$1.0 + (e_2/e)$	1.0	0.05	

其中 $A_x = \left(\dfrac{\delta_{\max}}{\delta_{\text{avg}}}\right)^2$，且 $1.0 \leqslant A_x \leqslant 3.0$，$\delta_{\max}$、$\delta_{\text{avg}}$ 分别是静力计算的楼板层最大位移和平均位移；欧洲规范中的 e_2 是考虑平动和扭转同时作用的动力影响的附加偏心距，取下面两数的较小值：$e_2 = \dfrac{1}{2e_s}[r^2 - e_s^2 - \rho^2 + \sqrt{(r^2 + e_s^2 - \rho^2)^2 + 4e_s^2\rho^2}]$ 及 $e_2 = 0.1(a+b)\sqrt{10e/b} \leqslant 0.1(a+b)$。

由表 7.1 可见，在各国规范进行柔性边缘构件抗震设计时，都乘以不小于 1 的系数调整静力偏心距；计算刚性边缘构件时，都乘以不大于 1 的调整系数，这都是偏于保守的办法，而且都考虑了偶然偏心的影响。

我国《抗震设计规范》(GB 50011—2010) 规定对于底部剪力法不适用的结构应采用振型分解反应谱法进行地震作用计算，此时，要求计算 9～15 个振型，如果不借助计算机这是不可能实现的。同时规范又规定，在"确有依据时，尚可采用简化的计算方法确定地震作用效应"，并在规范补充说明中给出了框架结构的扭转效应系数法，它是按平动分析的层剪力效应的增大来计算某榀抗侧力构件地震效应的。

下面针对高层配筋砌体结构，寻找平扭耦联的振型分解反应谱法和底部剪力法计算结果间的关系，得到利用底部剪力法结果进行偏心结构抗震设计的实用计算方法，为偏心配筋砌体结构的简化计算提供必要的依据。

7.2 试验设计

真实结构的形式千差万别，如何以尽量少的计算量反映尽量全面的结构情况，是进行计算试验的关键，考虑到目前配筋砌体结构主要应用于民用建筑，而且在地震区禁止采用"L"形等严重不规整的平面布置形式，或即使采用类似平面形状，也可利用抗震缝把结构分成几个单个的简单的平面结构，所以下面讨论的结构是基本上平面为矩形或类似矩形的住宅、教学楼及宾馆等。

为了尽可能全面地反映可能发生的结构形式，并能利用试验设计的方法，减小计算量，取以下 4 个主要因素，每个因素取 9 个水平，进行试验设计，4 个因素分别为：反映结构固有特性的结构平动周期、反映结构偏心情况的静力偏心率、反映结构抗扭能力的扭／平刚度比和反映地震荷载大小的地震动强度（以设计峰值加速度表示），各因素的不同水平分别为：

A：地震动峰值加速度（gal）：35、70、110、140、220、310、400、510、620；

B：扭／平刚度比的平方根（m）：11.15、13.69、14.48、15.14、16.20、17.12、17.41、18.71、20.95；

C：静力偏心率（e/d）：0.06、0.09、0.12、0.15、0.18、0.21、0.24、0.27、0.30，d 是偏心所在边边长的一半；

D：结构平动周期（s）：0.30、0.40、0.50、0.60、0.69、0.90、1.10、1.29、1.50。

1978 年我国学者方开泰提出了均匀试验设计法[83]，由于该设计法在偏差相近的情况下大大减小了试验数量（与正交设计法相比），因此在国内诸多领域得到了广泛应用，取得了丰硕的成果和巨大的经济效益，并得到了国际数学界的高度评价，如本节研究的 4 因素 9 水平的试验问题，如果采用正交设计法需要做 81 次试验，而按均匀设计法设计仅需 9 次试验，这对计算效率的提高是非常显著的。与正交设计法一样，均匀设计法也是通过一系列表格进行的，表 7.2 是均匀设计表 $U_9^*(9^4)$，按其进行试验设计，各试验具体取值见表7.3。

　　按以上试验设计进行了计算,初步分析发现振型分解反应谱法和底部剪力法计算所得底部剪力结果呈明显的线性关系,而在分析扭矩关系时感觉试验点过少,于是采用下述方法添加了第二组试验:把表7.3中的因素C、D(即偏心率和周期)交换位置,仍按照均匀设计表7.2给出的水平组合进行试验设计,第二组试验的具体参数值见表7.4,由于此时结构平面布置情况已经确定,周期是由改变结构层数及在合理范围内调整楼层质量"凑"出来的,所以表7.4中所列周期与表7.3中周期略有差别。如此共获得2组18个试验数据,所有结构清单见表7.5,各结构平面图如图7.1～7.9所示。

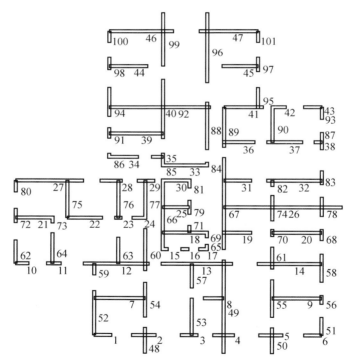

图 7.1　结构 1 平面图

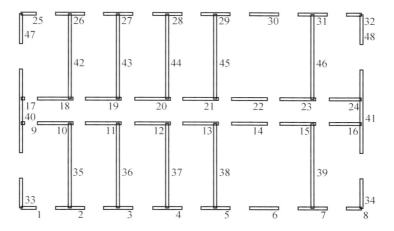

图 7.2　结构 2 平面图

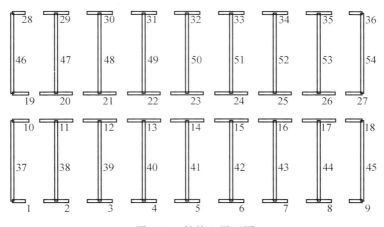

图 7.3　结构 3 平面图

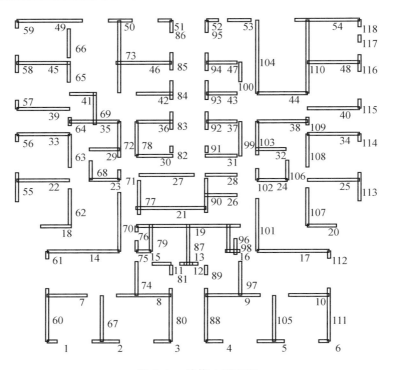

图 7.4　结构 4 平面图

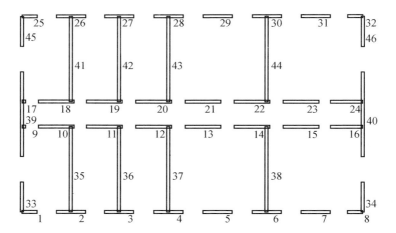

图 7.5　结构 5 平面图

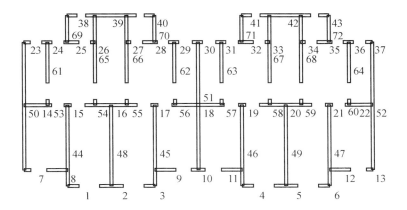

图 7.6 结构 6 平面图

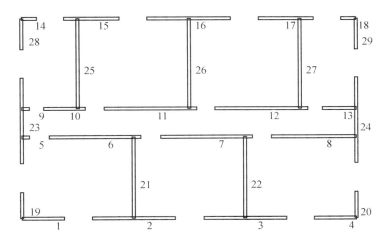

图 7.7 结构 7 平面图

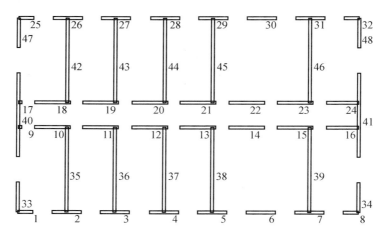

图 7.8　结构 8 平面图

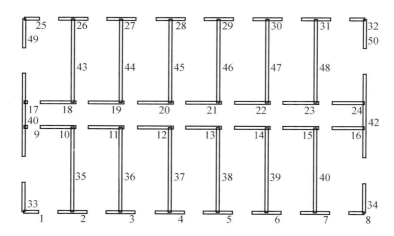

图 7.9　结构 9 平面图

表 7.2　均匀设计表 U_9^* (9^4)

因素 水平	A	B	C	D
1	1	3	7	9
2	2	6	4	8
3	3	9	1	7
4	4	2	8	6

续表 7.2

因素 水平	A	B	C	D
5	5	5	5	5
6	6	8	2	4
7	7	1	9	3
8	8	4	6	2
9	9	7	3	1

表 7.3 均匀设计的具体参数值

因素 水平	峰值加速度 /gal	$\sqrt{K_\Phi/K_x}$ /m	偏心率	周期 /s
1	35	14.48	0.24	1.50
2	70	17.12	0.15	1.29
3	110	20.95	0.06	1.10
4	140	13.69	0.27	0.90
5	220	16.20	0.18	0.69
6	310	18.71	0.09	0.60
7	400	11.15	0.30	0.50
8	510	15.14	0.21	0.40
9	620	17.41	0.12	0.30

表 7.4 第二组试验的具体参数值

因素 水平	峰值加速度 /gal	$\sqrt{K_\Phi/K_x}$ /m	偏心率	周期 /s
1	35	14.48	0.30	1.11
2	70	17.12	0.27	0.59
3	110	20.95	0.24	0.29
4	140	13.69	0.21	1.29
5	220	16.20	0.18	0.69
6	310	18.71	0.15	0.40
7	400	11.15	0.12	1.47
8	510	15.14	0.09	0.94
9	620	17.41	0.06	0.49

表 7.5　结构清单

分组	试验序号	a/m	b/m	层质量 /t	层刚度 /(N·m⁻¹)	H/m	空间协同模型计算的前 3 个自振周期		
							T_1/s	T_2/s	T_3/s
第一组	1	<u>25</u>	28.2	1 000.7	$0.112×10^{11}$	66.0	2.97	0.99	0.77
	2	31.5	<u>13.8</u>	920.4	$0.502×10^{10}$	72.6	3.23	1.31	1.19
	3	33.6	<u>14</u>	698.2	$0.832×10^{10}$	59.4	1.52	0.73	0.56
	4	24.0	<u>26.9</u>	956.1	$0.103×10^{11}$	75.9	2.77	0.99	0.92
	5	<u>31.5</u>	13.8	920.4	$0.922×10^{10}$	56.1	2.01	0.71	0.70
	6	23.1	<u>9.5</u>	556.7	$0.380×10^{10}$	33.0	1.05	0.56	0.37
	7	21.6	<u>12.6</u>	521.6	$0.362×10^{10}$	30.0	1.59	0.61	0.53
	8	<u>31.5</u>	13.8	582.9	$0.760×10^{10}$	33.0	1.11	0.41	0.37
	9	31.5	<u>13.8</u>	539.8	$0.502×10^{10}$	24.0	0.90	0.38	0.32
第二组	10	<u>25</u>	28.2	1000.7	$0.112×10^{11}$	56.1	2.61	0.87	0.66
	11	31.5	<u>13.8</u>	850.4	$0.502×10^{10}$	33.0	1.54	0.60	0.55
	12	33.6	<u>14</u>	698.2	$0.832×10^{10}$	24.0	0.70	0.31	0.24
	13	24.0	<u>26.9</u>	1296.1	$0.103×10^{11}$	95.7	4.18	1.40	1.37
	14	<u>31.5</u>	13.8	920.4	$0.922×10^{10}$	52.8	1.90	0.67	0.66
	15	23.1	<u>9.5</u>	920.4	$0.922×10^{10}$	24.0	2.01	0.71	0.70
	16	21.6	<u>12.6</u>	621.6	$0.362×10^{10}$	85.8	4.46	1.77	1.49
	17	<u>31.5</u>	13.8	920.4	$0.760×10^{10}$	62.7	2.52	0.95	0.86
	18	31.5	<u>13.8</u>	709.8	$0.502×10^{10}$	30.0	1.21	0.50	0.43

注：表中 a、b 分别为结构 x、y 方向的边长，a、b 中带下划线的为偏心所在方向的边长；$e_x(e_y)$ 分别为 x、y 方向的偏心距，H 为构总高度；T_1、T_2、T_3 分别是结构的平扭耦联模型计算的前 3 个自振周期

7.3　底部回归分析

下面根据以上试验数据按照数理统计的方法进行回归分析，回归的目标是：

（1）建立平扭耦联的振型分解法底部剪力 V_2 与底部剪力法底部剪力 V_1 间的关系；

（2）建立振型分解法扭矩 T_2 和静力扭矩 T_1 之间的关系；

（3）上部楼层剪力和扭矩的简化计算公式。

底层分析的基本思路：底部剪力法可以直接得到底部剪力 V_1；由质量中心和刚度中心坐标可得静力偏心距 e；$V_1 \times e$ 得到静力扭矩 T_1；由振型分解法的各层某方向全部墙片地震剪力求和得振型分解法的楼层剪力 V_2；某方向构件地震作用对质心取矩得设计基底扭矩 T_2，进一步可以确定 V_1 和 V_2 以及 T_1 和 T_2 之间的关系，具体分析如下。

7.3.1 剪力关系的回归结果

以 $x = V_1/G_{eq}$，$y = V_2/G_{eq}$ 建立回归模型：

$$y = b \cdot x + b_0 \tag{7.2}$$

具体计算数值见表 7.6，b 和 b_0 的最小二乘估计为：$\hat{b} = 0.972\,08$，$\hat{b}_0 = 0.012\,76$，其置信水平为 0.95 的置信区间分别为 $[0.878\,97, 1.065\,18]$ 和 $[0.004\,47, 0.021\,06]$，相关系数 $r = 0.975\,5$，回归结果如图 7.10 所示，方差分析见表 7.7，$F = 489.455 > F_{0.01}(1, 16) = 8.40$，可见此回归分析是高度显著的。$y$ 的 0.95 置信区间为 $[\hat{y} - 0.024\,6, \hat{y} + 0.024\,6]$，取其上限，最后建立以下简化的底部剪力计算公式：

$$V_2 = 0.972\,1V_1 + 0.037\,4G_{eq} \tag{7.3}$$

表 7.6　底部剪力计算试验结果

序号	底部剪力法 (V_1)/kN	振型分解法 (V_2)/kN	重力荷载代表值 (G_{eq})/kN	$x = V_1/G_{eq}$	$y = V_2/G_{eq}$	y
1	3 609	7 359	166 600	0.021 7	0.044 2	0.055 8
2	6 314	6 830	168 300	0.037 5	0.040 6	0.071 2
3	8 895	13 430	104 550	0.085 1	0.128 5	0.117 4
4	18 544	18 090	183 600	0.101 0	0.098 5	0.132 9
5	4 170	4 759	130 050	0.032 1	0.036 6	0.065 9
6	2 764	3 136	51 000	0.054 2	0.061 5	0.087 4
7	3 713	3 664	43 435	0.085 5	0.084 4	0.117 8

续表 7.6

序号	底部剪力法 (V_1)/kN	振型分解法 (V_2)/kN	重力荷载代表值 (G_{eq})/kN	$x = V_1/G_{eq}$	$y = V_2/G_{eq}$	y
8	7 598	9 244	48 535	0.170 9	0.190 5	0.200 9
9	9 781	8 739	40 630	0.224 9	0.231 0	0.253 3
10	3 963	7 427	141 950	0.027 9	0.052 3	0.061 8
11	7 582	8 263	168 300	0.073 6	0.075 9	0.106 3
12	11 166	11 270	46 495	0.240 2	0.242 4	0.268 2
13	21 585	22 300	287 300	0.075 1	0.077 6	0.107 7
14	4 138	4 693	122 400	0.033 8	0.038 3	0.067 6
15	3 158	3 085	40 035	0.050 2	0.077 1	0.083 5
16	4 966	5 354	158 950	0.036 1	0.039 9	0.069 8
17	11 457	12 900	145 350	0.079 9	0.088 8	0.112 4
18	10 270	10 670	59 160	0.173 6	0.180 4	0.203 5

注:对于多层结构,重力荷载代表值 $G_{eq} = 0.85 \sum_{i=1}^{n} G_i$,$n$ 是结构层数;y 的估计值:
$\hat{y} = \hat{b} \times x + \hat{b}_0$

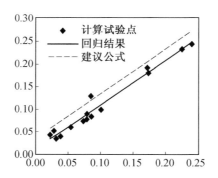

图 7.10　底部剪力回归结果

表 7.7　底部剪力方差分析表

来源	平方和	自由度	均方和	F 比	显著性
回归	$0.742\ 7 \times 10^{-1}$	1	$0.742\ 7 \times 10^{-1}$	489.455	高度显著
剩余	$0.242\ 8 \times 10^{-2}$	16	$0.151\ 7 \times 10^{-3}$		
总计	$0.767\ 0 \times 10^{-1}$	17			

7.3.2 扭矩关系的回归结果

以 $x = \dfrac{V_1}{G_{eq}}$，$y = \dfrac{T_2}{G_{eq}e}$ 仍采用式(7.2)的线性模型，进行回归分析，为了安全起见，当动力扭矩计算值(由振型分解反应谱法所得扭矩)小于静力扭矩(底部剪力法剪力与静偏心距的乘积)时，取为静力扭矩。具体计算数值见表 7.8，b 和 b_0 的最小二乘估计为：$\hat{b} = 1.029\ 16$，$\hat{b}_0 = 0.019\ 89$，其置信水平为 0.95 的置信区间分别为 $[0.741\ 51, 1.316\ 80]$ 和 $[-0.005\ 73,$ $0.045\ 51]$，相关系数 $r = 0.884\ 4$，回归结果如图 7.11 所示，方差分析见表 7.9，$F = 57.477\ 3 > F_{0.01}(1, 16) = 8.40$，回归分析是高度显著的。$y$ 的 0.95 置信区间为 $[\hat{y} - 0.076\ 12, \hat{y} + 0.076\ 12]$，保守起见，取其上限，最后建立以下简化的底部剪力计算公式：

$$T_2 = (1.029\ 2V_1 + 0.096\ 0G_{eq})e \tag{7.4}$$

表 7.8　结构底层扭矩计算结果与估计值

序号	e/m	V_1/kN	T_2 /(kN·m)	G_{eq}/kN	$x = \dfrac{V_1}{G_{eq}}$	$y = \dfrac{T_2}{G_{eq}e}$	y 的建议值
1	3.000	3 609	7 359	166 600	0.021 7	0.055 4	0.118 3
2	1.035	6 314	6 830	168 300	0.037 5	0.035 1	0.134 6
3	0.420	8 895	13 430	104 550	0.085 1	0.115 6	0.183 6
4	3.638	18 544	18 090	183 600	0.101 0	0.054 8	0.200 0
5	2.848	4 170	4 759	130 050	0.032 1	0.061 2	0.129 0
6	0.427	2 764	3 136	51 000	0.054 2	0.057 1	0.151 8
7	1.890	3 713	3 664	43 435	0.085 5	0.060 3	0.184 0
8	3.305	7 598	9 244	48 535	0.170 9	0.316 2	0.271 9
9	0.828	9 781	8 739	40 630	0.224 9	0.198 6	0.327 5
10	3.751	3 963	7 427	141 950	0.027 9	0.064 6	0.124 7
11	1.863	7 582	8 263	168 300	0.073 6	0.065 3	0.171 8
12	1.680	11 166	11 270	46 495	0.240 2	0.217 3	0.343 2
13	2.831	21 585	22 300	287 300	0.075 1	0.042 0	0.173 3
14	2.848	4 138	4 693	122 400	0.033 8	0.064 3	0.130 8
15	0.712	3 158	3 085	40 035	0.050 2	0.071 4	0.147 6
16	0.763	4 966	5 354	158 950	0.036 1	0.028 6	0.133 1
17	1.418	11 457	12 900	145 350	0.079 9	0.154 6	0.178 2
18	0.414	10 270	10 670	59 160	0.173 6	0.155 5	0.274 7

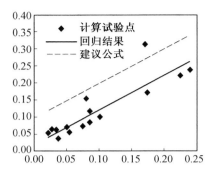

图 7.11　扭矩回归分析结果

表 7.9　扭矩回归方差分析表

来源	平方和	自由度	均方和	F 比	显著性
回归	$0.832\ 49 \times 10^{-1}$	1	$0.832\ 49 \times 10^{-1}$	57.477 3	* *
剩余	$0.231\ 74 \times 10^{-1}$	16	$0.144\ 84 \times 10^{-2}$		
总计	0.106 42	17			

7.4　上部各楼层处理

以上通过回归分析,建立了由底部剪力法基底剪力确定偏心结构设计底部剪力的式(7.3)及由底层静力扭矩确定底层设计动力扭矩的式(7.4),本节讨论上部各层的情况。

7.4.1　上部各层层间剪力关系的确定

首先,分析各结构的 $V_2(i)/V_1(i)$ 的结果(在计算 $V_1(i)$ 时没有考虑顶部附加水平地震作用),发现该值与楼层位置呈线性关系,以 $y = [V_2(i)/V_1(i)]/[V_2(1)/V_1(1)]$,$x$ 为楼层位置 i(底层为第一层,向上依次类推),分别对 18 组数据进行线性回归,回归结果见表 7.10,表中按回归直线的斜率 b 进行了排列,可见基本上可以按楼层数大于或小于 15 层把全部 18 个结构分成两部分,分别进行回归分析,分析结果:

第一部分(层数小于 15): $\hat{b} = -0.017\ 94$,置信水平 0.95 的置信区间:

$[-0.019\,61,-0.016\,28]$，$\hat{b}_0 = 1.006\,31$，置信水平 0.95 的置信区间：$[0.997\,43,1.015\,20]$，相关系数：$r = -0.932\,2$；偏于安全并考虑到第一层的计算结果应为 $V_2(1)$，取 $\hat{b} = -0.017$，$\hat{b}_0 = 1.017$，得建议公式：

$$V_2(i) = (1.017 - 0.017i)\frac{V_2(1)}{V_1(1)}V_1(i) \tag{7.5a}$$

第二部分（层数大于 15）：$\hat{b} = -0.009\,88$，置信水平 0.95 的置信区间 $[-0.010\,39,-0.009\,36]$，$\hat{b}_0 = 0.983\,11$，置信水平 0.95 的置信区间：$[0.977\,32,0.988\,90]$，相关系数：$r = -0.940\,2$，同样偏于安全并考虑到第一层的计算结果应为 $V_2(1)$，取 $\hat{b} = -0.010$，$\hat{b}_0 = 1.010$，得建议公式：

$$V_2(i) = (1.010 - 0.010i)\frac{V_2(1)}{V_1(1)}V_1(i) \tag{7.5b}$$

表 7.10　结构各楼层剪力关系的回归结果

序号	b	b 的 95% 置信区间	b_0	b_0 的 95% 置信区间	相关系数 r	层数
12	$-0.026\,12$	$[-0.028\,94,-0.023\,29]$	1.035 82	$[1.023\,09,1.048\,55]$	$-0.993\,77$	8
9	$-0.024\,88$	$[-0.026\,11,-0.023\,66]$	1.023 51	$[1.017\,98,1.029\,04]$	$-0.998\,7$	8
15	$-0.020\,91$	$[-0.022\,75,-0.019\,07]$	1.014 98	$[1.006\,70,1.023\,27]$	$-0.995\,86$	8
7	$-0.019\,86$	$[-0.023\,67,-0.016\,05]$	1.005 78	$[0.984\,82,1.026\,75]$	$-0.972\,38$	10
18	$-0.019\,27$	$[-0.021\,35,-0.017\,19]$	1.011 07	$[0.999\,63,1.022\,51]$	$-0.991\,02$	10
11	$-0.018\,46$	$[-0.021\,25,-0.015\,68]$	1.000 14	$[0.983\,43,1.016\,85]$	$-0.979\,99$	11
8	$-0.014\,64$	$[-0.016\,25,-0.013\,02]$	1.014 93	$[1.006\,05,1.023\,80]$	$-0.990\,63$	10
6	$-0.012\,81$	$[-0.015\,34,-0.010\,27]$	0.991 64	$[0.976\,43,1.006\,84]$	$-0.966\,28$	11
10	$-0.012\,62$	$[-0.013\,72,-0.011\,51]$	1.016 29	$[1.006\,31,1.026\,26]$	$-0.987\,36$	17
4	$-0.011\,57$	$[-0.012\,95,-0.010\,20]$	0.969 88	$[0.953\,33,0.986\,42]$	$-0.967\,06$	23
14	$-0.011\,22$	$[-0.012\,96,-0.009\,48]$	0.989 44	$[0.974\,66,1.004\,22]$	$-0.964\,93$	16
17	$-0.010\,46$	$[-0.012\,24,-0.008\,67]$	0.977 22	$[0.959\,40,0.995\,04]$	$-0.948\,37$	19
5	$-0.010\,27$	$[-0.012\,06,-0.008\,47]$	0.984 47	$[0.968\,33,1.000\,61]$	$-0.952\,67$	17
1	$-0.009\,49$	$[-0.010\,84,-0.008\,13]$	1.000 37	$[0.986\,13,1.014\,62]$	$-0.960\,45$	20
13	$-0.009\,24$	$[-0.010\,17,-0.008\,32]$	0.970 12	$[0.956\,23,0.984\,00]$	$-0.969\,55$	29
16	$-0.009\,06$	$[-0.009\,96,-0.008\,15]$	0.978 99	$[0.966\,74,0.991\,23]$	$-0.972\,78$	26
3	$-0.008\,95$	$[-0.009\,88,-0.008\,01]$	0.991 12	$[0.982\,21,1.000\,02]$	$-0.980\,84$	18
2	$-0.007\,97$	$[-0.009\,40,-0.006\,55]$	0.968 27	$[0.951\,92,0.984\,62]$	$-0.933\,71$	22

图 7.12 和图 7.13 分别给出了层数小于和层数大于 15 层的结构的 $[V_1(i)/V_2(i)]/[V_1(1)/V_2(1)]$ 以及建议公式结果，从图中可见所给出的建议公式是偏于安全的。

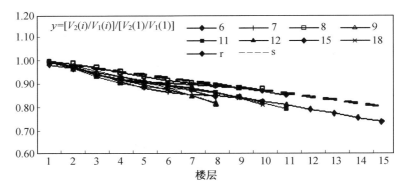

图 7.12 层数小于 15 的结构各楼层剪力

（图中数字为计算试验结构序号，s 表示建议公式结果）

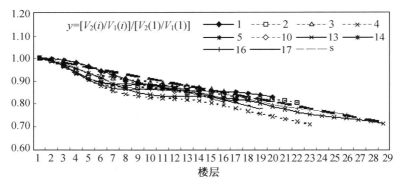

图 7.13 层数大于 15 的结构各楼层剪力比

（图中数字为计算试验结构序号，s 表示建议公式结果）

7.4.2 上部楼层扭矩关系的确定

与各楼层剪力的分布规律相比，结构上部楼层扭矩分布规律性不十分明显，下面根据计算试验数据近似给出其关系公式。令 $\alpha(i) = [T(i) - V_1(i) \times e]/[V_1(1) \times e]$，观察图 7.14，结构各楼层 $\alpha(i)$ 随楼层高度的变化规律：底部 3 ~ 4 层该值基本不变，然后随楼层的增高，该值逐渐减小。

近似取底部 4 层 $\alpha(i)$ 值与底层相同,上部楼层逐层递减,至顶层递减为 $0.05\alpha(1)$,则可以给出 $\alpha(i)$ 的计算公式为

$$\alpha(i) = \begin{cases} \alpha(1) & (i \leqslant 4) \\ \alpha(1)\left[1 - \dfrac{0.95(i-4)}{n-4}\right] & (i > 4) \end{cases} \tag{7.6}$$

图 7.14 中虚线部分为 $\alpha(i)$ 的计算值,实线部分为建议值,可见按式 (7.6) 给出的上部楼层扭矩与计算结果偏差不大,如果底层扭矩计算得偏于保守,应能得到安全的上部结构扭矩的建议值。

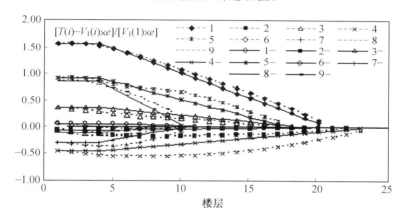

图 7.14 第一组结构上部楼层的 $[T(i) - V_1(i) \times e]/[V_1(1) \times e]$ 随楼层高度的变化规律

(图中数字为计算试验结构序号)

令 $\alpha(i) = \alpha(1)\delta(i)$,由式 (7.6) 变形得上部楼层的扭矩的近似计算公式:

$$T(i) = \delta(i)[T(1) - V_1(1)e] + V_1(i)e \tag{7.7}$$

式中

$$\delta(i) = \begin{cases} 1 & (i \leqslant 4) \\ 1 - \dfrac{0.95(i-4)}{n-4} & (i > 4) \end{cases}$$

7.5　双向偏心的情况

前面的讨论都是基于单向偏心结构的,现在讨论双向偏心的情况。针

对以上第一组结构,分别取法方向(与计算方向垂直的方向)的偏心率为:0.06～0.30,单双向情况的底部剪力及计算偏心距的对比见表7.11,可见单双向偏心的差别不大,在设计时可以分别计算两个方向的构件。

表 7.11　单双向偏心的底部剪力及计算偏心距的对比

序号	法向偏心率	V_2/N	V_3/N	V_3/V_2	T_d /(kN·m)	T_{d2} /(kN·m)	T_{d2}/T_d
1	0.06	7 359	7 373	1.001 9	27 949	28 172	1.008 0
2	0.09	6 830	6 879	1.007 2	6 120	6 239	1.019 4
3	0.12	13 430	13 410	0.998 5	5 077	5 149	1.014 2
4	0.15	18 090	18 550	1.025 4	36 596	40 495	1.106 5
5	0.18	4 759	4 789	1.006 3	24 276	24 496	1.009 1
6	0.21	3 136	3 142	1.001 9	1 245	1 269	1.019 3
7	0.24	3 664	3 773	1.029 7	4 950	5 478	1.106 7
8	0.27	9 244	9 325	1.008 8	59 327	60 715	1.023 4
9	0.30	8 739	9 573	1.095 4	6 204	7 266	1.171 2

注:V_2 为按单向偏心计算的底部剪力;V_3 为按双向偏心计算的底部剪力;T_d 为按单向计算的动力扭矩;T_{d2} 为按双向偏心计算的动力扭矩

第8章 配筋砌体结构抗震设计中的多道设防

8.1 概　述

我国《抗震设计规范》(GB 50011—2010)仍采用二阶段设计实现 3 个水准的设防目标:第一阶段设计进行第一水准的承载力验算,以满足第一水准下具有必要的承载力可靠度,又满足第二水准的损坏可修的目标,并认为对于大多数的结构,可只进行第一阶段设计,而通过概念设计和抗震构造措施来满足第三水准的设计要求。这样看来现行规范中规定的抗震设计方法仍主要是强度设计方法,如对于高度小于 40 m、刚度分布比较均匀的结构,规范中的方法是首先按照底部剪力法求出结构的地震作用,再根据楼板层的刚度,按照不同的方法把楼层地震剪力分配给抗侧力构件(对于配筋砌体结构即墙片),进行构件的强度设计,结构的延性主要通过构造措施保证。经过以上设计的结构抗震强度基本上达到设计要求,但是由于在设计过程中所有的抗侧力构件相同对待,在地震作用下,这些构件面临相同的危险性,即每一个构件都有可能首先进入开裂或破坏,由于破坏发生的先后与构件的强度没有直接关系,如果在地震作用下首先破坏的是主要抗侧力构件,那么由于主要抗侧力构件的提前退出工作,造成的危险性将是很大的,而且一般情况下,主要抗侧力构件往往也是主要的承重构件,即使它们的破坏没有造成房屋倒塌,也会带来大量的修复工作。

近几年国内外一些学者都提出了应在抗震设计时考虑多道抗震设防的思想,T. Paulay[96]给出了能力设计原理,强调建立一个合理的、以明确的和可行的塑性机构方式形成多道防御的重要性。他把结构构件分成主抗侧力体系和次抗侧力体系,主抗侧力体系是指承受重力荷载和全部侧向

155

地震作用的墙体,次抗侧力体系仅承受重力荷载及面荷载。进行设计时,按照地震荷载设计主抗侧力体系,而次抗侧力体系只要求满足构造要求,没能够对次抗侧力体系给予足够的重视。我国的经杰等[97] 给出了双重结构体系的概念,指出了传统抗震结构体系在抗震性能方面的不足。叶列平等[98] 利用单自由度模型进行了双重结构体系的参数分析,提出了有关抗震设计的建议。傅秀岱和严宁川[100] 在研究新型格构复合剪力墙抗震性能的基础上,提出了一种新型的抗震结构体系:框架格构复合剪力墙双重抗震结构体系,并提出该体系的设计方法,在结构设计中,主动控制结构破坏耗能机制,让非承重的次结构耗能,达到减震和保护承重主结构的目的,震后便于修复。另外 T. B. Panagiotakos 和 M. N. Fardis[101] 给出的基于位移的设计方法也是按照双重抗侧力体系思想实现的。

本章针对配筋砌体结构把抗侧力体系分成主抗侧力体系和次抗侧力体系两部分,认为抗震设计过程中应以实现对主抗侧力体系的保护为目标。针对配筋砌体结构给出了具体的设计方法,并给出计算实例及相关的分析。

8.2 基本思想

在砌体结构设计过程中把抗侧力构件(墙)分成两部分,即主抗侧力体系和次抗侧力体系。

(1)主抗侧力体系。

主抗侧力体系由主要抗侧力构件组成,一般情况下这些构件也是主要的承重构件,它们的作用是:在罕遇地震作用下保证结构不发生倒塌,为"生命安全"提供最后的保障,在多遇地震作用下它们保持弹性状态,在常遇地震下,根据抗震等级,它们可以保持弹性或进入弹塑性状态。

(2)次抗侧力体系。

次抗侧力体系由主抗侧力体系以外的其他抗侧力构件组成,可以包括结构中的隔墙、较小的墙垛及部分非主要承重墙,也可以包括耗能减震器件,它们的作用是,在常遇和罕遇地震发生时进入弹塑性状态,吸收大部分地震能量,以起到保护主要抗侧力构件的作用,从某种意义上讲次要侧力构件的作用相当于耗能器,为了达到耗能的作用,结构中次抗侧力体系所占比例不能太小。按照以上思想,三水准设防目标可表述为:小震次抗侧力体系不坏、中震次抗侧力体系可修、大震主抗侧力体系可修或不坏。

在进行砌体结构设计时首先确定主抗侧力体系及次抗侧力体系的组成,然后根据设计地震作用,完成主要侧力构件的强度设计,再通过合理的细部设计使次抗侧力体系构件的开裂(极限)位移小于主抗侧力体系构件的开裂(极限)位移,以保证在遭受强烈地震作用时,砌体结构中抗侧力构件分批进入弹塑性状态,从而达到牺牲一部分墙片保护另一部分墙片实现结构安全的目的,而且要通过构造措施提高次抗侧力体系构件的延性耗能能力。

8.3 设计步骤

根据多道抗震设防的思想,下面具体给出在配筋砌体结构抗震设计过程中,多道抗震设防的实现步骤。

为了充分发挥次抗侧力体系的延性耗能能力,更好地保护主抗侧力构件,设计时应力求在主抗侧力体系开裂前,使次抗侧力构件经历较长的耗能阶段,即希望次抗侧力构件较早发生开裂。就配筋砌体构件而言,一个理想条件是:使次抗侧力体系的极限位移与主抗侧力体系的开裂位移相等,在设计初期可以按照此目标进行设计。设计过程中首先知道的是构件的截面尺寸,由此即能确定刚度,再根据设计开裂位移确定极限承载力并进行配筋,即可完成设计。按此,给出设计步骤如下:

(1)按结构重要程度确定楼层允许易损系数 D_s,进而确定主、次抗侧力体系的允许易损系数 $\overline{D}_{wm}$、$\overline{D}_{ws}$。

(2)由 D_s、$\overline{D}_{wm}$、$\overline{D}_{ws}$ 确定主、次抗侧力体系的比例,将构件进行分组。

(3)按抗震承载力要求,设计主抗侧力体系。

(4)令次抗侧力体系的极限位移等于主抗侧力体系的开裂位移,并利用刚度确定其极限承载力。

（5）按前步确定的极限承载力设计次抗侧力构件。

（6）满足构造要求及其他验算。

8.4　设计实例与对比分析

8.4.1　工程概况

某 9 层住宅，1～9 层平面布置相同，如图 8.1 所示。楼、地、屋面采用钢筋混凝土现浇板，屋面永久荷载标准值为 5.79 kN/m²，楼面永久荷载标准值为 4.49 kN/m²，屋面活荷载为 0.7 kN/m²，楼面活荷载为 2 kN/m²，墙体采用 190 mm 混凝土小砌块砌体抗震墙（自重 24 kN/m³），各楼层高度均为 3 m，8 度设防，灌孔混凝土为 C20，满灌。

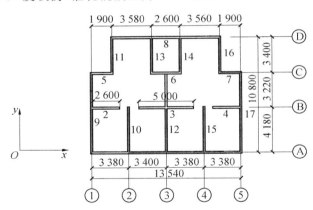

图 8.1　结构标准层平面图

8.4.2　底部剪力法的设计结果

按剪切型结构计算 y 方向基本周期 0.222 s，顶部附加地震作用系数为 0.028，结构 y 方向总水平地震作用标准值 2 340.63 kN，根据抗震规范附录 F 中的有关规定，本结构总高度 27 m，抗震等级为一级，底部加强部位截面的组合剪力设计值应乘以增大系数 1.6，底层剪力设计值为 3 745.0 kN。刚性楼盖，楼层水平地震剪力按照侧移刚度分配。取墙片 9、

11 进行验算,经计算各自的地震剪力设计值为 627.5 kN 和 288.3 kN。选配钢筋 $2\phi12@400$,两墙片的抗剪极限承载力分别是 1 538 kN 和 653 kN,满足第一阶段设计要求。

8.4.3 多道设防设计过程

该结构质量、刚度都关于 y 轴对称,以 y 轴方向的抗震设计过程为例(该结构 x 方向为不对称布置,本章暂不做讨论),按照 8.3 节提出的设计步骤进行设计:

(1)该建筑为民用住宅,要求在罕遇地震下保障生命安全,取设计楼层允许易损系数 $D_s=0.75$,允许主抗侧力体系在大震下开裂,即主抗侧力墙片的允许平均易损系数 $\overline{D}_{wm}$ 为 0.5,次抗侧力墙片可进入下降段或发生倒塌,其允许的平均易损系数可取为 $\overline{D}_{ws}=1\sim2$。

(2)由式(8.3),确定主抗侧力体系在全部构件中所占比例应为 $50\%\sim85\%$,选墙片 9、12、13、14、17 为主抗侧力体系,计算得主抗侧力体系占总墙片的 66%。

(3)主抗侧力体系设计,对墙片 9 和 13 进行抗震验算,两片墙的设计剪力分别为:994 kN 和 382 kN,选配钢筋 $2\phi12@200$,抗剪极限承载力设计值为:2 193 kN 和 1 008 kN,满足承载力要求;计算两片墙的开裂位移分别为 1.97 mm 和 2.35 mm。

(4)取次抗侧力构件的极限位移为 2 mm,墙片 10(15)、11(16)均为剪切型构件,其刚度分别为 314×10^6 N/m 和 415×10^6 N/m,按照配筋砌体构件归一化三线型骨架曲线的特征点[75],计算得两构件的设计抗剪承载力分别为 371 kN 和 490 kN。(说明:由平面布置图可见这些墙片可能会是承重墙,为了避免它们的破坏造成结构坍塌,此处可采用一些构造措施来解决,例如可用梁柱在墙片破坏时来承受上部重力荷载,为便于分析暂不考虑柱对墙片的约束作用)

(5)按(4)中求得的设计承载力,10、11 两墙片配筋设计结果:水平配筋均取 $2\phi8@400$。

(6)该配筋满足底部加强区的最大间距和最小钢筋直径要求。

8.4.4　两种设计方案的各构件特征位移对比

把不考虑多道设防的设计方案称为方案 1,考虑了多道设防的设计方案称为方案 2,两种设计方案所得结构 y 方向各抗侧力构件的特征点位移值见表 8.1,可见方案 1 中,较强的墙片 9、12、17 等的开裂位移小于其他构件,即在大震作用下它们将先破坏,而方案 2 中主抗侧力体系各构件的开裂位移和极限位移均大于次抗侧力构件相应值,实现了设计目的。

表 8.1　两种设计方案的构件特征点位移值　　　　　　　　mm

构件序号	开裂位移		极限位移		构件序号	开裂位移		极限位移	
	方案 1	方案 2	方案 1	方案 2		方案 1	方案 2	方案 1	方案 2
9	1.32	1.97	3.01	4.52	14	1.58	2.35	3.59	5.40
10	1.47	1.05	3.34	2.40	15	1.47	1.05	3.34	2.40
11	1.58	1.13	3.59	2.58	16	1.58	1.13	3.59	2.58
12	1.32	1.97	3.01	4.52	17	1.32	1.97	3.01	4.52
13	1.58	2.35	3.59	5.40					

8.4.5　两种设计方案的时程分析结果对比

采用多条地震波作为地震动输入,利用自行编制的空间协同弹塑性时程分析程序 EDAPCSC,按照 8 度大震(设计加速度为 400 gal)进行结构弹塑性时程分析,结果见表 8.2。由于所选的地震波代表了不同的场地类型,所以同一结构的时程分析结果有所不同。对比方案 1 和方案 2 的分析结果可以看出,在塔夫特波的作用下,经未考虑多道设防的底部剪力法设计的结构,y 方向墙片全部达到极限承载力进入下降段,楼层易损性系数为 1,结构已经达到非常危险的阶段;而经过考虑多道设防方法设计的结构,全部墙片均处于开裂状态,结构处于相对安全的阶段。在滦河波作为地震输入的情况下,未考虑多道设防设计的结构,y 方向墙片全部开裂,而考虑多道设防设计的结构只有 10、15 两墙片开裂,即只有次抗侧力体系开裂,实现了牺牲次抗侧力体系保护主抗侧力体系的目标。从表中数据可以看出,在各种地震波输入下,按多道设防设计的结构的易损系数均小于设计允许易损系数 0.75,且主抗侧力体系墙片均保持弹性或部分开裂状态,满足了设计时的预定目标,这说明建议的方法是有效的。

表 8.2 不同设计方法下的结构反应对比

地震波	不同设计方法下的结构反应	
	方案 1	方案 2
天津波	抗侧力构件全部开裂;楼层易损系数为 0.5;最大层间位移为 2.64	抗侧力构件部分开裂;楼层易损系数为 0.4;最大层间位移为 2.17
塔夫特波	抗侧力构件全部进入下降段;楼层易损系数为 1.0;最大层间位移为 4.09	抗侧力构件部分开裂,部分进入下降段;楼层易损系数为 0.6;最大层间位移为 3.25
滦河波	抗侧力构件全部开裂;楼层易损系数为 0.35;最大层间位移为 1.56	抗侧力构件部分开裂;楼层易损系数为 0.1;最大层间位移为 1.56
Elcentro 波	抗侧力构件全部开裂;楼层易损系数为 0.5;最大层间位移为 2.88	抗侧力构件部分开裂,部分进入下降段;楼层易损系数为 0.6;最大层间位移为 2.99

注:表中楼层易损性系数为一层 y 方向的易损性系数;层间位移单位为 mm

另外,由于本方案 1 设计的结构抗震承载力赘余较大,所以尽管时程分析中发现了危险情况,但仍未发生倒塌。当设计抗震承载力赘余较小时,如果不考虑构件发生开裂的先后顺序,可能会出现主要抗侧力构件首先发生开裂,导致楼层整体抗侧力不足而引发结构倒塌。如保持上述方案平面布置不变,把层数增加到 11 层,结构总高为 33 m,仍可采用底部剪力法进行计算,墙片 9、11 的各自的地震剪力设计值为 800 kN 和 368 kN,采用原配筋仍满足承载力要求。但此时进行 8 度大震的时程分析时,结构在天津波和塔夫特波作用下均发生倒塌,表明在这种情况下,尽管结构满足整体抗震承载力的要求,但由于地震作用下墙片可能会被"逐个击破",当主要抗侧力构件首当其冲时,结构就有发生倒塌的可能。而对于 11 层结构,按前面计算结果,把主抗侧力体系配筋改为 $2\phi12@200$ 后,在各种地震动输入下结构构件都保持开裂或部分开裂状态。可以认为采用多道设防方法进行抗震设计是基本安全的。

8.5　与结构性态设计的关系

文献[82]中提出了 4 种结构性能水准和地震设防水准以及 3 种性能目标。本书提出的结构震害等级与文献[103]中给出的结构性能水准可以基本对应,结构基本性能目标所对应的允许易损系数见表 8.3。因此,对于配筋砌体结构,就得到了确定结构性态的具体参数,进而结构抗震性能目标矩阵转变为表 8.4 的形式。

表 8.3　楼层易损系数和结构性能水准的对应关系

结构性能水准	功能正常	可以使用	生命安全	接近倒塌
相应易损系数	$D_s < 0.5$	$D_s < 0.75$	$D_s < 1$	$D_s < 2$

表 8.4　不同性能指标下的结构允许易损系数

地震设防水准		常遇地震 (43 年)	偶遇地震 (72 年)	稀少地震 (475 年)	罕遇地震 (970 年)
性能目标	基本性能目标	$D_s < 0.5$	$D_s < 0.75$	$D_s < 1$	$D_s < 2$
	重要性能目标	$D_s < 0.25$	$D_s < 0.5$	$D_s < 0.75$	$D_s < 1$
	安全临界目标	$D_s = 0$	$D_s < 0.25$	$D_s < 0.5$	$D_s < 0.75$

利用表 8.4 就可以对不同性态水准下的结构按照不同的标准进行设计,表 8.4 正是对文献[103]中表 2 数量化的表达。

8.6　设计方法的补充说明

8.6.1　抗侧力体系的划分原则

主抗侧力体系应对称布置,且尽可能使各构件的骨架曲线的特征位移对称分布,并应使构件均匀分布在结构平面图中,故首先选用较宽大的结构构件及主要承重构件。

8.6.2 主抗侧力体系比例的确定

由楼层易损系数定义：

$$D_s = \sum_{i=1}^{N} \alpha_i D_{wi} \tag{8.1a}$$

$$\alpha_i = \frac{P_{ui}}{\sum_{j=1}^{N} P_{uj}} \tag{8.1b}$$

式中　　D_{wi}——所计算楼层中 α_i 片墙的易损系数；

　　　　α_i——权数；

　　　　P_{ui}——计算楼层中 i 片墙的极限抗剪承载力；

　　　　D_s——所计算楼层的易损系数；

　　　　N——该楼层中计算方向的墙片总数。

若把全部抗侧力构件分为主、次两部分，则式（8.1a）可表述为

$$D_s = \sum_{i=1}^{N_m} \alpha_{mi} D_{wmi} + \sum_{i=1}^{N_s} \alpha_{si} D_{wsi} \tag{8.2a}$$

或简写为

$$D_s = \alpha_m \overline{D}_{wm} + \alpha_s \overline{D}_{ws} \tag{8.2b}$$

式中　　$\alpha_m(\alpha_s)$——主（次）抗侧力体系所占总抗侧移承载力的比例；

　　　　$\alpha_{mi}(\alpha_{si})$——第 i 主（次）抗侧力构件所占总抗侧移承载力的比例；

　　　　$D_{wmi}(D_{wsi})$——第 i 个主（次）抗侧力构件的易损系数（弹性:0,开裂:0.5,下降段 1,倒塌 2）；

　　　　$\overline{D}_{wm}(\overline{D}_{ws})$——主（次）抗侧力体系的设计平均易损系数；

　　　　$N_m(N_s)$——主（次）抗侧力体系的墙片数。

注意到 $\alpha_m + \alpha_s = 1$,式（8.2b）变形为

$$\alpha_m = \frac{\overline{D}_{ws} - D_s}{\overline{D}_{ws} - \overline{D}_{wm}} \tag{8.3}$$

这样如果确定了楼层的允许易损系数 D_s,就能计算出主、次抗侧力体系的允许比例 α_m 和 α_s,该比例是主次抗侧力体系的承载力分配比例,在设计初期可按墙片横截面积的比例采用。

8.6.3　主抗侧力体系占比例的建议

在确定了楼层允许易损系数 D_s 和墙片的允许状态后,利用式(8.3)可给出主抗侧力体系的建议比例,如取 $D_s = 0.75$,$\overline{D}_{wm} = 0.5$,$\overline{D}_{ws} = 1$,则 $\alpha_m = 0.5$;若 $\overline{D}_{ws} = 2$,则 $\alpha_m = 0.8$。次抗侧力体系允许达到的易损程度越大(即其发展延性的范围较大),其所占的比例就越小,从总的吸收能量的角度看,这一结论是合理的。其他情况下的 α_m 建议值见表 8.5。

次抗侧力体系构件应分散在结构平面内,考虑扭转时,应包含结构边缘构件,偏心结构应避免由于次抗侧力构件破坏引起偏心的增大,应避免位于易造成人员伤亡和阻碍疏散的位置,应远离重要的仪表、设备和水、电、气管线等,应尽可能选用弯曲型构件。

表 8.5　α_m 建议值

D_s	α_m 建议范围
0.25	0.75 ~ 0.85
0.5	0.5 ~ 0.75
0.75	0.5 ~ 0.8
1	0.4 ~ 0.6

表 8.5 中给出的是承载力比例,实际设计中可参考以上建议的大概范围,按构件截面积的比例进行初步设计。

8.6.4　不同抗震等级结构的允许易损系数建议值

结构允许易损系数的大小显然直接关系到结构大震下的安全程度,在设计的初期应首先根据结构的重要性等级确定结构的允许易损系数,即设计出结构在大震作用下可能达到的破坏程度,各类建筑的楼层允许易损系数和墙片允许破坏状态的建议值见表 8.6。

表 8.6　楼层允许易损系数及墙片允许破坏状态的建议值

类别	D_s	主抗侧力构件	次抗侧力构件
甲	0.25	完全弹性阶段,$\overline{D}_{wm} = 0$	开裂或部分达下降段,$\overline{D}_{ws} < 0.75$
乙	0.5	可部分发生开裂,$\overline{D}_{wm} < 0.25$	允许达到下降段,$\overline{D}_{ws} < 1.0$

续表 8.6

类别	D_s	主抗侧力构件	次抗侧力构件
丙	1	可部分进入下降段,$\overline{D}_{wm} < 0.75$	允许部分倒塌,$\overline{D}_{ws} < 1.5$
丁	1.5	可部分倒塌,$\overline{D}_{wm} < 1.25$	允许倒塌,$\overline{D}_{ws} < 2.0$

表 8.6 只为作者给出的初步建议,在设计时还应参考业主对结构功能的要求,综合考虑"投资 — 收益"准则确定。

8.6.5 本方法的建议应用范围

经初步分析并考虑不同结构的地震反应特性,建议对以下类型的配筋砌体结构必须采用主、次抗震体系方法进行设计:

(1)高度超出规范规定限值的结构;

(2)层数大于 8 层的结构;

(3)竖向刚度分布不均匀的结构;

(4)平面不对称结构;

(5)设计允许楼层易损系数小于 0.75 的结构。

8.7 关于平面不对称及余震的考虑

8.7.1 配筋砌体偏心结构抗震设计的多道设防方法

经前述分析,可以把配筋砌体偏心结构抗震设计的多道设防设计步骤概括如下:

(1)由结构几何信息确定静力偏心距 e,按底部剪力法计算结构各层的地震剪力 $V_1(i)$。

(2)由公式 $V_2 = 0.972\ 1V_1 + 0.037\ 4G_{eq}$ 及 $T_2 = (1.029\ 2V_1 + 0.096\ 0G_{eq})e$ 计算结构设计底部剪力 $V_2(1)$ 和扭矩 $T_2(1)$。

(3)由公式 $V_2(i) = (1.017 - 0.017i)\dfrac{V_2(1)}{V_1(1)}V_1(i), V_2(i)(1.010 - $

$0.010i\dfrac{V_2(1)}{V_1(1)}V_1(i)$，计算结构上部各楼层的设计层间剪力 $V_2(i)$，由公式 $T(i)=\delta(i)[T(1)-V_1(1)e]+V_1(i)e$ 计算结构各楼层设计扭矩 $T_2(i)$。

（4）按结构重要程度确定楼层允许易损系数 D_s，确定主、次抗侧力体系的允许易损系数 $\overline{D}_{wm}$、$\overline{D}_{ws}$。

（5）由 D_s、$\overline{D}_{wm}$、$\overline{D}_{ws}$ 确定主、次抗侧力体系的比例，将构件进行分组。

（6）由 $V_2(i)$、$T_2(i)$ 设计主抗侧力体系。

（7）令次抗侧力体系的极限位移等于主抗侧力体系的开裂位移，并利用刚度确定其极限承载力，设计次抗侧力构件。

8.7.2　配筋砌体偏心结构抗震设计的多道设防设计实例

1. 结构简介

16 层住宅，层高均为 3 m，结构平面布置及构件编号如图 8.2 所示，砌块强度等级 MU15，砂浆 M10，灌孔混凝土 C20，灌孔率 100％，x 方向静力偏心距 1.606 m，结构等效重力荷载 1.14×10^5 kN，x 方向平动周期 0.785 s，7 度设防，场地为二类场地，分组为第一组，特征周期 0.35 s，为了节约篇幅仅以 x 方向构件为例进行设计。

2. 结构设计

（1）规范方法。

根据抗震规范 5.2.3 项规定，按平扭耦联的振型分解反应谱法，计算结构地震作用效应，取前 15 个振型，结构一层 x 方向各墙片的设计剪力见表 8.7 中"设计剪力 1"，该剪力考虑了规范中关于底部加强区的规定，依据该设计剪力，并满足规范中关于最小水平钢筋直径及底部加强区最大钢筋间距的要求，各构件配筋均采用 $2\phi8@400(A_s=100.5\ mm^2)$，按该配筋，计算各构件的开裂荷载见表 8.7 中"承载力 1"，与"设计剪力 1"进行比较，认为该配筋满足承载力要求。

（2）建议方法。

第 7 章中给出了根据底部剪力法结果计算偏心结构设计剪力和扭矩的简化方法，底部剪力法计算的结构各楼层剪力及按该建议方法计算的各

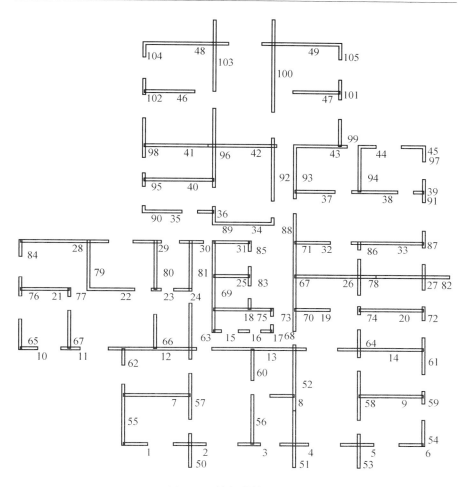

图 8.2 算例结构平面图

楼层设计剪力和扭矩的计算结果见表 8.8,把这些结果按不考虑主次结构体系分配给楼层中所有墙片,底层墙片所分配得到的设计剪力见表 8.7 中"设计剪力 2",与"承载力 1"比较,可见按上面的配筋情况仍是满足承载力要求的。比较"设计承载力 1"和"设计承载力 2"再次说明,前面建议的简化计算设计内力的方法是可靠的。

表 8.7　算例结构 x 方向各墙片的承载力及设计剪力　　　　kN

墙号	承载力 1	承载力 2	设计剪力 1	设计剪力 2	设计剪力 3	墙号	承载力 1	承载力 2	设计剪力 1	设计剪力 2	设计剪力 3
1	192.6	218.8	66.2	86.6	104.7	**26**	679.2	771.4	525.2	601.7	727.3
2	256.8	225.9	117.6	154.0	—	**27**	631.6	717.4	480.4	550.3	665.3
3	179.8	204.2	56.9	74.6	90.1	**28**	747.1	848.6	595.8	683.8	815.2
4	231.2	203.3	96.2	126.0		29	231.2	203.3	111.3	127.7	—
5	256.8	225.9	117.6	154.0	—	30	192.6	169.4	76.5	87.9	
6	192.6	218.8	66.2	86.6	104.7	31	282.5	248.5	161.7	185.6	
7	570.5	648.0	369.5	483.8	584.8	32	295.4	259.8	174.8	200.6	
8	205.5	180.7	86.7	99.3	—	**33**	611.3	694.3	466.7	535.6	638.5
9	543.3	617.1	396.3	454.0	548.8	**34**	489.0	555.4	357.2	411.6	482.7
10	141.3	124.2	37.2	42.6		35	308.2	271.1	195.6	225.9	
11	154.1	135.5	45.8	52.5		36	128.4	113.0	31.0	35.8	
12	733.5	833.1	576.0	659.9	797.7	**37**	321.1	364.7	214.7	248.8	285.0
13	787.9	894.9	626.4	717.7	867.5	**38**	372.4	423.0	271.7	314.8	360.7
14	719.9	817.7	563.3	645.4	780.1	39	53.0	43.7	8.2	9.5	—
15	44.1	36.4	4.5	5.2	—	**40**	597.7	678.9	491.0	570.1	647.8
16	63.2	52.4	11.6	13.2	—	**41**	543.3	617.1	452.1	528.0	586.0
17	63.2	52.4	11.6	13.2	—	**42**	584.1	663.4	496.6	579.9	643.6
18	489.0	555.4	343.9	394.0	476.3	**43**	434.7	493.7	332.2	387.9	430.6
19	295.4	259.8	172.7	197.8		44	141.3	124.2	42.4	49.6	—
20	543.3	617.1	396.3	454.0	548.8	45	192.6	169.4	86.3	100.7	—
21	407.5	462.9	264.7	303.2	366.6	**46**	434.7	493.7	353.1	415.7	446.0
22	372.4	327.6	251.5	288.1	—	**47**	407.5	462.9	321.1	377.9	405.4
23	53.0	43.7	7.6	8.7	—	**48**	719.9	817.7	719.6	852.4	889.5
24	141.3	124.2	37.2	42.6	—	**49**	665.6	756.0	654.5	775.3	809.1
25	282.5	248.5	159.8	183.0	—						

表 8.7 中墙号加粗的构件为主抗侧力体系构件,"承载力 1"是按墙片

传统方法设计的开裂荷载,"承载力 2"是墙片按建议方法设计的开裂荷载,"设计剪力 1"是按振型分解法计算的设计剪力,"设计剪力 2"是第 7 章建议的简化方法计算的设计剪力,"设计剪力 3"是本章提出的考虑多道设防简化设计方法计算的设计剪力,各设计剪力都考虑了规范中对底部加强区的要求。

表 8.8　各楼层设计剪力和扭矩的计算结果

楼层	底部剪力法设计剪力 /kN	建议简化方法设计剪力 /kN	建议简化方法设计扭矩 /(kN · m)
1	4 390.69	7 051.9	24 835.2
2	4 358.40	7 000.1	24 783.4
3	4 293.83	6 896.4	24 679.7
4	4 196.98	6 740.8	24 524.1
5	4 067.84	6 533.4	22 908.8
6	3 906.42	6 274.1	21 241.7
7	3 712.71	5 963.0	19 522.8
8	3 486.72	5 600.1	17 752.0
9	3 228.45	5 185.2	15 929.3
10	2 937.89	4 718.6	14 054.8
11	2 615.04	4 200.0	12 128.4
12	2 259.91	3 629.6	10 150.2
13	1 872.50	3 007.4	8 120.1
14	1 452.80	2 333.3	6 038.2
15	1 000.82	1 607.4	3 904.4
16	516.55	829.6	1 718.8

按双重抗侧力体系的思想设计该结构,该建筑为民用住宅,要求在罕遇地震下保障生命安全,取设计楼层允许易损系数 $D_s = 0.75$,允许主抗侧力体系在大震下开裂,即主抗侧力墙片的允许平均易损系数 $\overline{D}_{wm}$ 为 0.5,次抗侧力墙片可进入下降段或发生倒塌,其允许的平均易损系数可取为 $\overline{D}_{ws} = 1 \sim 2$;由式(8.3)确定主抗侧力体系在全部构件中所占比例应为

50％ ～ 85％，选墙片 1、3、6、7、9、12、13、14、18、20、21、26、27、28、33、34、37、38、40、41、42、43、46、47、48、49 为主抗侧力体系，按上步中建议方法计算的楼层剪力和扭矩计算主抗侧力构件的设计剪力，作为"设计剪力 3"列于表 8.7，与"承载力 1"对比发现相当一部分构件不再满足承载力要求，主抗侧力构件统一修改配筋为 $2\phi10@400(A_s = 157.1\ mm^2)$，其他构件配筋改为 $\phi8@400(A_s = 50.3\ mm^2)$，重新配筋后的构件开裂荷载作为"承载力 2"列于表 8.7，计算后得：主抗侧力体系承载力占总墙片承载力的 75.1％，满足预定比例。两种方法设计的各构件特征位移的比较见表 8.9。

表 8.9　算例结构 x 方向各墙片特征位移比较 mm

墙号	开裂位移		极限位移		倒塌位移	
	传统方法	建议方法	传统方法	建议方法	传统方法	建议方法
1	1.567	1.780	6.699	7.608	12.198	13.855
2	1.176	1.034	5.024	4.419	9.149	8.047
3	1.700	1.931	7.265	8.252	13.229	15.026
4	1.294	1.138	5.529	4.863	10.068	8.855
5	1.176	1.034	5.024	4.419	9.149	8.047
6	1.567	1.780	6.699	7.608	12.198	13.855
7	0.831	0.944	1.894	2.151	2.954	3.356
8	1.459	1.283	6.235	5.484	11.354	9.986
9	0.844	0.958	1.922	2.183	2.998	3.406
10	2.337	2.056	9.988	8.785	18.189	15.998
11	2.071	1.822	8.852	7.785	16.119	14.177
12	0.784	0.890	1.785	2.028	2.785	3.163
13	0.774	0.879	1.763	2.002	2.750	3.124
14	0.786	0.893	1.792	2.035	2.795	3.174
15	6.004	4.952	25.658	21.163	46.724	38.537
16	3.364	2.787	14.375	11.912	26.177	21.692
17	3.364	2.787	14.375	11.912	26.177	21.692

续表 8.9　　　　　　　　　　　　　　　　　　mm

墙号	开裂位移		极限位移		倒塌位移	
	传统方法	建议方法	传统方法	建议方法	传统方法	建议方法
18	0.875	0.994	1.993	2.264	3.110	3.532
19	1.053	0.926	4.499	3.957	8.193	7.206
20	0.844	0.958	1.922	2.183	2.998	3.406
21	0.947	1.076	2.158	2.451	3.367	3.824
22	0.911	0.802	3.895	3.426	7.093	6.238
23	4.311	3.555	18.421	15.194	33.545	27.668
24	2.337	2.056	9.988	8.785	18.189	15.998
25	1.088	0.957	4.650	4.090	8.468	7.448
26	0.796	0.904	1.813	2.059	2.828	3.212
27	0.809	0.919	1.843	2.094	2.875	3.266
28	0.781	0.887	1.779	2.021	2.775	3.152
29	1.294	1.138	5.529	4.863	10.068	8.855
30	1.567	1.379	6.699	5.892	12.198	10.729
31	1.088	0.957	4.650	4.090	8.468	7.448
32	1.053	0.926	4.499	3.957	8.193	7.206
33	0.816	0.927	1.858	2.111	2.899	3.293
34	0.875	0.994	1.993	2.264	3.110	3.532
35	1.022	0.899	4.366	3.840	7.951	6.993
36	2.687	2.363	11.483	10.100	20.911	18.392
37	0.994	1.129	4.249	4.826	7.737	8.788
38	0.911	1.035	3.895	4.424	7.093	8.056
39	4.311	3.555	18.421	15.194	33.545	27.668
40	0.821	0.932	1.869	2.123	2.916	3.312
41	0.844	0.958	1.922	2.183	2.998	3.406
42	0.826	0.938	1.881	2.137	2.935	3.333
43	0.919	1.044	2.093	2.377	3.265	3.708

续表 8.9　　　　　　　　　　　　　　mm

墙号	开裂位移		极限位移		倒塌位移	
	传统方法	建议方法	传统方法	建议方法	传统方法	建议方法
44	2.337	2.056	9.988	8.785	18.189	15.998
45	1.567	1.379	6.699	5.892	12.198	10.729
46	0.919	1.044	2.093	2.377	3.265	3.708
47	0.947	1.076	2.158	2.451	3.367	3.824
48	0.786	0.893	1.792	2.035	2.795	3.174
49	0.799	0.908	1.821	2.068	2.841	3.226

3. 时程分析结果对比与分析

利用自行编制的空间协同的弹塑性时程分析程序,分别采用翟长海建议的 2 类场地的 4 个最不利地震动进行了时程分析,具体地震记录情况见表 8.10,不同方法设计的结构的时程分析,结构一层最大层间平动位移、层间扭转位移及结构一层破坏系数的计算结果见表 8.11,结构一层各墙片的状态见表 8.12。

表 8.10　时程分析用地震记录及其特征

序号	地震记录	分量	时间 / 年	卓越周期 /s
1	Castaic — Old Ridge Route 地震动	N69W	1971	0.34
2	El Centro 地震动	N69W	1979	0.15
3	Taft 地震动	N21E	1952	0.23
4	Gengma 地震动	S00E	1988	0.19

表 8.11　不同地震输入下结构时程分析结果对比

地震输入	最大层间平动位移 /mm		最大层间转角 /($\times 10^{-5}$(°))		破坏系数	
	结构 1	结构 2	结构 1	结构 2	结构 1	结构 2
1	1.544	1.486	0.577	0.767	0.514	0.460
2	1.763	1.641	4.218	4.990	0.563	0.472
3	2.328	2.222	2.106	2.121	0.821	0.698
4	1.119	1.156	0.215	1.903	0.410	0.446

注:结构 1 为传统方法设计的结构,结构 2 是建议方法设计的结构

表 8.12 算例结构 x 方向各墙片状态比较

墙片号	地震波 1		地震波 2		地震波 3		地震波 4	
	传统方法	建议方法	传统方法	建议方法	传统方法	建议方法	传统方法	建议方法
1	1	0	1	1	1	1	0	0
2	1	1	1	1	1	1	0	1
3	1	0	1	0	1	1	0	0
4	1	1	1	1	1	1	0	1
5	1	1	1	1	1	1	0	0
6	1	0	1	1	1	1	0	0
7	1	1	2	1	2	2	1	1
8	1	1	1	1	1	1	0	0
9	1	1	2	1	2	2	1	1
10	0	0	0	0	1	1	0	0
11	0	0	0	0	1	1	0	0
12	2	1	2	1	2	2	1	1
13	2	1	2	1	2	2	1	1
14	1	1	2	1	2	2	1	1
15	0	0	0	0	0	0	0	0
16	0	0	0	0	0	0	0	0
17	0	0	0	0	0	0	0	0
18	1	1	1	1	2	1	1	1
19	1	1	1	1	1	1	1	1
20	1	1	1	1	2	2	1	1
21	1	1	1	1	2	1	1	1
22	1	1	1	1	1	1	1	1
23	0	0	0	0	0	0	0	0
24	0	0	0	0	1	1	0	0
25	1	1	1	1	1	1	1	1

续表 8.12

墙片号	地震波 1		地震波 2		地震波 3		地震波 4	
	传统方法	建议方法	传统方法	建议方法	传统方法	建议方法	传统方法	建议方法
26	1	1	1	1	2	2	1	1
27	1	1	1	1	2	2	1	1
28	1	1	1	1	2	2	1	1
29	1	1	1	1	1	1	0	1
30	1	1	1	1	1	1	0	0
31	1	1	1	1	1	1	1	1
32	1	1	1	1	1	1	1	1
33	1	1	1	1	2	2	1	1
34	1	1	1	1	2	1	1	1
35	1	1	1	1	1	1	1	1
36	0	0	0	0	0	0	0	0
37	1	1	1	1	1	1	1	1
38	1	1	1	1	1	1	1	1
39	0	0	0	0	0	0	0	0
40	1	1	1	1	2	2	1	1
41	1	1	1	1	2	1	1	1
42	1	1	1	1	2	1	1	1
43	1	1	1	1	2	1	1	1
44	0	0	0	0	0	1	0	0
45	1	1	1	1	1	1	0	0
46	1	1	1	1	2	1	1	1
47	1	1	1	1	2	1	1	1
48	1	1	1	1	2	1	1	1
49	1	1	1	1	2	1	1	1

注:0 代表弹性阶段;1 代表开裂阶段;2 代表进入下降段

由表 8.12 中前 3 组数据的对比,可见所提出方法的优越性:根据震害等级,3 种情况下,按双重抗震体系设计的结构震害等级均比传统设计方法降低了一个等级,可见所建议方法对减轻结构震害的有效性;另外对比所有结果中的破坏系数,发现结构的破坏系数越大,两种方法设计的结构破坏系数差别也就越大,即震害越严重,建议设计方法对结构震害的减轻作用幅度越大。

地震波 4 时,虽然按主次结构设计时计算的破坏系数略大于传统方法,但比较表 8.12 中的开裂构件,发现前者比后者多开裂的墙片 2、4、5 都是次抗侧力体系构件,即虽然这种情况下,结构的破坏系数略大,但仍实现了"设计破坏路线,保护主要构件"的设计思想,而且两者的结果属于同一震害等级"轻微破坏",可以认为震害差别不大。

按照建议方法设计的结构,在 4 种地震动输入下,最大楼层易损系数是 0.698,小于设计楼层允许易损系数 $D_s = 0.75$,实现了最初的设计意图。

4. 补充说明

(1)本节算例结构方案曾经过一次修改,原方案中有几个较大墙片,其横截面高度可达 8 ~ 9 m,初步分析表明由于这些较大的墙片分担的地震剪力过大,导致破坏总是首先发生在这些位置,而这些构件的破坏又引起较大的承载力损失,造成时程分析时发生严重破坏,为了避免这一情况发生,算例中对这些墙片进行了拆分,图 8.2 中的 26、27、41、42、51、52、70、71 就是由原来的大墙片拆分来的。所以,在工程应用中建议:抗侧力构件的截面不宜取得过大,当出现较大墙片(截面高度 > 6 m)时,应人为将其分成两个较小的墙片,同时应尽量避免主抗侧力构件的截面差异过大。

(2)算例结构中,由于按承载力要求设计主抗侧力墙片后,其开裂位移仍较小,因此无法满足本章中提出的"令次抗侧力构件极限位移等于主抗侧力构件开裂位移"的要求,即在主抗侧力构件开裂前,次抗侧力构件没有充分发挥其耗能作用,所以建议设计时在满足承载力要求的同时,应考虑设法使主抗侧力构件的开裂位移增大,如使其增大到规范规定的弹性层间位移限值(对于配筋砌体结构可取 $H/1\,000$,H 为层高);另外,尽管时程分析表明在大震下结构的安全性仍然得到了提高,但由于主抗侧力构件开裂位移不够大,却减小了次抗侧力构件的开裂位移,因此导致了在地震不大时结构的易损系数反而增大,可以预见如果主抗侧力构件的开裂位移得到足够的放大,这一情况是完全可以避免的。

（3）本节算例结构总高度 48 m,已超过规范中规定的此类房屋适用的最大高度,但时程分析仍表明了结构的安全性,说明经过适当的设计,配筋砌体结构是可以向高层应用的。

8.7.3　偏心配筋砌体结构考虑余震作用的抗震设计多道设防方法

1. 基本思想

针对偏心配筋砌体结构,在考虑余震作用的设计过程中,把抗侧力构件(墙)分成 3 部分,即主抗侧力体系、抵抗余震次抗力体系和次抗侧力体系。

（1）主抗侧力体系。

主抗侧力体系由主要抗侧力构件组成,一般情况下这些构件也是主要的承重构件,它们的作用是:在罕遇主震以双震型余震共同作用下保证结构不发生倒塌,为"生命安全"提供最后的保障,在多遇、常遇主震作用下保持弹性状态,在罕遇主震作用下,可以进入弹塑性状态。

（2）抵抗余震次抗力体系。

抵抗余震次抗力体系主要由小部分承重墙及非承重墙组成,也可以包括耗能减震器件,其主要作用是:在罕遇主震及双震型余震共同作用时,其进入弹塑性状态,吸收大部分余震作用能量,起到保护主要抗侧力构件的作用,它相当于抵抗余震作用的耗能构件。为达到耗能作用,其在构件体系中所占比例不能太小。

（3）次抗侧力体系。

次抗侧力体系由主抗侧力体系、抵抗余震次抗力体系以外的其他抗侧力构件组成,可以包括结构中的隔墙、较小的墙垛,也可以包括耗能减震器件,它们的作用是:在罕遇主震发生时进入弹塑性状态,吸收大部分地震能量,以起到保护主抗侧力构件以及抵抗余震次抗力构件的作用。按照以上思想,三水准设防目标可表述为:小震次抗侧力体系不坏;中震次抗侧力体系可修、抵抗余震次抗力体系不坏;大震及其余震主抗侧力体系可修或不坏。

在进行砌体结构设计时首先确定主抗侧力体系、抵抗余震次抗力体系及次抗侧力体系的组成,然后根据设计地震作用,完成主抗侧力构件的强度设计,再通过合理的细部设计使抵抗余震次抗侧力体系构件的开裂(极限)位移小于主抗侧力体系构件的开裂(极限)位移,次抗侧力体系构件的开裂(极限)位移小于抵抗余震次抗侧力体系构件的开裂(极限)位移,以保证结构在遭受强烈主余震作用时,砌体结构中抗侧力构件分批进入弹塑性状态,从而达到牺牲一部分墙片保护另一部分墙片实现结构安全的目的。

沿用前述抗力体系布置原则,主抗侧力体系对称布置,尽可能使各构件的骨架曲线的特征位移对称分布,并使构件均匀分布在结构平面图中,首先选用较宽大的结构构件及主要承重构件;抵抗余震次抗力体系构件以及次抗侧力体系构件分散在结构平面内,本节所分析结构存在偏心,所以考虑扭转时,其包含结构边缘构件。

2. 设计步骤

根据多道抗震设防的思想,下面具体给出在偏心配筋砌体结构抗震设计过程中,考虑余震作用的多道抗震设防的实现步骤。

为了充分发挥抵抗余震次抗侧力体系、次抗侧力体系的延性耗能能力,更好地保护主抗侧力构件,设计时应力求在主抗侧力体系开裂前,使抵抗余震次抗侧力构件、次抗侧力构件经历较长的耗能阶段,即希望抵抗余震次抗侧力体系、次抗侧力构件较早发生开裂。就配筋砌体构件而言,一个理想条件是:使抵抗余震次抗侧力体系的极限位移与主抗侧力体系的开裂位移相等,使次抗侧力体系的极限位移与抵抗余震次抗侧力体系的开裂位移相等,在设计初期可以按照此目标进行设计。设计过程中首先知道的是构件的截面尺寸,由此即能确定刚度,再根据设计开裂位移确定极限承载力并进行配筋,即可完成设计。按此,给出设计步骤如下:

（1）按结构重要程度确定楼层允许易损系数 D_s，进而确定主抗侧力体系、抵抗余震次抗侧力体系、次抗侧力体系的允许易损系数 $\overline{D}_{wm}$、$\overline{D}_{wm-s}$、$\overline{D}_{ws}$。

（2）由 D_s、$\overline{D}_{wm}$、$\overline{D}_{wm-s}$、$\overline{D}_{ws}$ 确定主抗侧力体系、抵抗余震次抗侧力体系、次抗侧力体系的比例，将构件进行分组。

（3）按抗震承载力要求，设计主抗侧力体系。

（4）令抵抗余震次抗侧力体系的极限位移等于主抗侧力体系的开裂位移，并利用刚度确定其极限承载力；令次抗侧力体系的极限位移等于抵抗余震次抗侧力体系的开裂位移，并利用刚度确定其极限承载力。

（5）按前步确定的极限承载力设计抵抗余震次抗侧力构件、次抗侧力构件。

（6）满足构造要求及其他验算。

8.7.4　偏心配筋砌体结构考虑余震作用的抗震设计多道设防方法设计实例

1. 结构简介

某 8 层偏心配筋砌体结构，各楼层高度均为 3.0 m，以图中左右为 x 方向，上下为 y 方向建立坐标系，结构 y 向存在初始偏心，为 1.08 m，各层平面布置相同，如图 8.3 所示。建筑场地类别 Ⅰ 类场地，抗震设防烈度 8 度，地震分组为第一组。楼、地、屋面采用钢筋混凝土现浇板，屋面永久荷载标准值为 5.79 kN/m²，楼面永久荷载标准值为 4.49 kN/m²，屋面活荷载为 0.7 kN/m²，楼面活荷载为 2 kN/m²，墙体采用 190 mm 混凝土小砌块砌体抗震墙（自重 24 kN/m³），砌块强度为 MU15，孔洞率为 0.5，灌孔率为 1，灌孔混凝土为 C20，砂浆强度为 M10。

2. 底部剪力法设计

本节对结构 x 方向墙片进行设计，按剪切型结构计算 x 方向基本周期为 0.311 s，结构 x 方向总水平地震作用标准值为 5 469.30 kN，根据《抗震规范》（GB 50011—2010）附录 F 中的有关规定，本结构总高度为 24 m，抗震等级为二级，底部加强部位截面的组合剪力设计值应乘以增大系数 1.4，

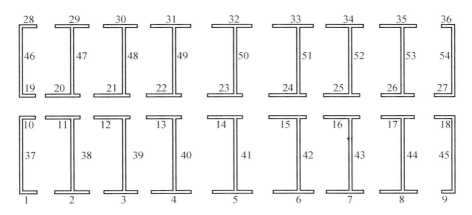

图 8.3　结构平面示意图

底层剪力设计值为 7 657.02 kN。刚性楼盖,楼层水平地震剪力按照侧移刚度分配。取墙片 1、13 进行验算,经计算各自的地震剪力设计值为 81.48 kN 和 397.60 kN。选配钢筋 2φ12@200,两墙片的抗剪极限承载力分别是319.08 kN 和 678.91 kN,满足第一阶段设计要求。

3. 多道设防法设计过程

按照前面提出的设计步骤进行设计:

(1)该建筑为民用建筑,要求在罕遇主震及双震型余震共同作用下保障生命安全,取设计楼层允许易损系数 $D_s = 0.850$,允许主抗侧力体系在大震及其余震共同作用下开裂,即主抗侧力墙片的允许平均易损系数 $\overline{D}_{wm}$ 为 0.5;抵抗余震次抗侧力墙片余震后可进入下降段或发生倒塌,其允许的平均易损系数可取为 $\overline{D}_{wm-s} = 1 \sim 2$;次抗侧力墙片在罕遇主震作用下可进入下降段或发生倒塌,其允许的平均易损系数可取为 $\overline{D}_{ws} = 1 \sim 2$。

(2)由式(8.3),确定主抗侧力体系在全部构件中所占比例应为 $50\% \sim 85\%$,选墙片 1、3、5、7、9、10、12、14、16、18、19、21、23、25、27、28、30、32、34、36 为主抗侧力体系,计算得主抗侧力体系占总墙片的 50%。

(3)对主抗侧力体系进行设计,对墙片 7 和 21 进行抗震验算,两片墙的设计剪力分别为 123.32 kN 和 437.01 kN,选配钢筋 2φ14@200,抗剪极限承载力设计值为 635.93 和 864.99 kN,满足承载力要求;计算两片墙的开裂位移分别为:2.13 mm 和 2.07 mm。

（4）取抵抗余震次抗力构件的极限位移为 2 mm，墙片 2(8、29、35)、11(17、20、26) 均为剪切型构件，其刚度分别为 248×10^6 N/m 和 307×10^6 N/m，按照配筋砌体构件归一化三线型骨架曲线的特征点，计算得两构件的设计抗剪承载力分别为 292.64 kN 和 362.26 kN。

（5）按（4）中求得的设计承载力，2、11 两墙片配筋设计结果：水平配筋均取 $2\phi12@200$。

（6）同理依（4）、（5）对次抗力体系构件 4、6、13、15、22、24、31、33 进行设计，水平钢筋均配 $2\phi10@200$。

（7）该配筋满足底部加强区的最大间距和最小钢筋直径要求。

4. 时程分析结果对比与分析

将表 8.13 第一条地震记录时程曲线作为地震动输入，按照《建筑抗震设计规范》(GB 50011—2010) 表 5.1.2－2 对结构在 8 度罕遇主震及其双震型余震作用下（地震加速度时程曲线最大值为 400 cm/s²）进行结构弹塑性时程分析，结果见表 8.14 ～ 8.18。

表 8.13　地震记录及其特征

序号	地震记录	场地类型	卓越周期 /s
1	1988，Zhutang A 地震动	Ⅰ	0.19
2	1979，ElCentro 地震动	Ⅱ	0.09
3	1984，Coyote Lake Dam 地震动	Ⅲ	0.29
4	1940，El Centro 地震动	Ⅲ	0.50
5	1981，Westmoreland 地震动	Ⅴ	0.23

表 8.14　按底部剪力法设计的结构在罕遇主震作用后底层（薄弱层）各墙片破坏状态

墙片	破坏状态	墙片	破坏状态	墙片	破坏状态	墙片	破坏状态
1	开裂阶段	10	开裂阶段	19	开裂阶段	28	开裂阶段
2	开裂阶段	11	下降段	20	下降段	29	开裂阶段
3	开裂阶段	12	下降段	21	下降段	30	开裂阶段
4	开裂阶段	13	下降段	22	下降段	31	开裂阶段
5	开裂阶段	14	下降段	23	下降段	32	开裂阶段

续表 8.14

墙片	破坏状态	墙片	破坏状态	墙片	破坏状态	墙片	破坏状态
6	开裂阶段	15	下降段	24	下降段	33	开裂阶段
7	开裂阶段	16	下降段	25	下降段	34	开裂阶段
8	开裂阶段	17	下降段	26	下降段	35	开裂阶段
9	开裂阶段	18	开裂阶段	27	开裂阶段	36	开裂阶段

表 8.15　按底部剪力法设计的结构在罕遇主震及余震作用后

底层(薄弱层)各墙片破坏状态

墙片	破坏状态	墙片	破坏状态	墙片	破坏状态	墙片	破坏状态
1	破坏	10	破坏	19	破坏	28	破坏
2	破坏	11	破坏	20	破坏	29	破坏
3	破坏	12	破坏	21	破坏	30	破坏
4	破坏	13	破坏	22	破坏	31	破坏
5	破坏	14	破坏	23	破坏	32	破坏
6	破坏	15	破坏	24	破坏	33	破坏
7	破坏	16	破坏	25	破坏	34	破坏
8	破坏	17	破坏	26	破坏	35	破坏
9	破坏	18	破坏	27	破坏	36	破坏

表 8.16　按多道设防法设计的结构在罕遇主震作用后底层(薄弱层)各墙片破坏状态

墙片	破坏状态	墙片	破坏状态	墙片	破坏状态	墙片	破坏状态
1	开裂阶段	10	开裂阶段	19	开裂阶段	28	开裂阶段
2	下降段	11	下降段	20	下降段	29	下降段
3	开裂阶段	12	开裂阶段	21	开裂阶段	30	开裂阶段
4	下降段	13	下降段	22	下降段	31	下降段
5	开裂阶段	14	下降段	23	下降段	32	开裂阶段
6	开裂阶段	15	下降段	24	下降段	33	开裂阶段
7	开裂阶段	16	开裂阶段	25	开裂阶段	34	开裂阶段
8	下降段	17	下降段	26	下降段	35	下阶段
9	开裂阶段	18	开裂阶段	27	开裂阶段	36	开裂阶段

表 8.17 按多道设防法设计的结构在罕遇主震及余震作用后

底层(薄弱层)各墙片破坏状态

墙片	破坏状态	墙片	破坏状态	墙片	破坏状态	墙片	破坏状态
1	开裂阶段	10	开裂阶段	19	开裂阶段	28	开裂阶段
2	下降段	11	下降段	20	下降段	29	下降段
3	开裂阶段	12	开裂阶段	21	开裂阶段	30	开裂阶段
4	下降段	13	破坏	22	破坏	31	下降段
5	开裂阶段	14	下降段	23	下降段	32	开裂阶段
6	开裂阶段	15	破坏	24	破坏	33	开裂阶段
7	开裂阶段	16	开裂阶段	25	开裂阶段	34	开裂阶段
8	下降段	17	下降段	26	下降段	35	下降段
9	开裂阶段	18	开裂阶段	27	开裂阶段	36	开裂阶段

对比两种方法设计的结构的分析结果,在地震记录 1 的罕遇主震及双震型余震作用下,经未考虑多道设防的底部剪力法设计的结构,x 方向墙片全部破坏,楼层易损性系数为 2;而经过考虑多道设防方法设计的结构,墙片 1、3、5、6、7、9、10、12、16、18、19、21、25、27、28、30、32、33、34、36 均处于开裂状态,墙片 2、4、8、11、14、17、20、23、26、29、31、35 均达到极限承载力进入下降段,墙片 13、15、22、24 均破坏,楼层易损性系数为 0.852,结构处于相对安全的阶段。由此看出只有次抗侧力体系墙片破坏,抵抗余震次抗力体系墙片进入下降段,实现了牺牲次抗侧力体系以及抵抗余震次抗力体系保护主抗侧力体系的目标。

表 8.18 按不同设计方法的结构反应对比

地震动 作用情况	不同设计方法下的结构反应	
	底部剪力法	考虑余震作用的多道设防法
主震作用后	主抗侧力构件部分开裂、部分进入下降段;楼层易损系数 0.750	主抗侧力构件部分开裂、部分进入下降段;楼层易损系数 0.744
余震作用后	主抗侧力构件全部破坏;楼层易损系数 2	主抗侧力构件部分开裂、部分进入下降段,抵抗余震次抗力构件进入下降段,次抗力构件破坏;楼层易损系数 0.852

由此看出,在主余震地震动输入下结构采用多道设防方法进行抗震设计是基本安全的,主抗侧力体系墙片大部分均处于部分开裂状态,满足了设计时的预定目标,这说明建议的方法是有效的。

第9章 平面不规则配筋砌体结构振动台试验研究

9.1 试验目的

（1）获得在单向水平地震作用下，平面不规则结构的扭转振动情况。

（2）获得在主余震作用下，平面不规则配筋砌体结构及其构件的地震反应特性，如位移、速度、加速度的变化情况，结构产生裂缝的位置、顺序、其他破坏及其规律。

（3）利用平面不规则配筋砌体结构考虑余震作用的建议设计方法，即设置主、次抗侧力构件，实现抗震设计的多道设防方法，观察不规则配筋砌体结构在主余震作用下主抗侧力构件和次抗侧力构件的应力变化与破坏情况及其破坏规律。

（4）通过试验验证前述考虑主余震的多道设防设计方法的可靠性。

9.2 模型设计

振动台试验作为一种模拟地震作用的试验方法已经广泛应用于现代建筑设计中，尤其是对于复杂的建筑结构和高层结构，该试验能够较高程度地模拟地震的作用，预先得到模型在地震作用下的真实反映，因此受到越来越多的重视。振动台试验属于动力试验，模拟程度和复杂性都高于静力试验，所以整个试验的设计就成为至关重要的环节。正确设计模型，较高程度地模拟原型是决定试验成败的重要因素，如何设计试验模型将在本章详细讨论。

9.2.1 原型结构概况

原型结构采用配筋混凝土小型空心砌块砌体结构，共 4 层，层高 3.3 m，总高 13.2 m，抗震设防烈度为 8 度，Ⅱ 类场地土。结构材料选用 MU7.5 小型混凝土砌块，Mb7.5 砂浆，C20 混凝土，混凝土砌块尺寸为 390 mm × 190 mm × 190 mm 和 190 mm × 190 mm × 190 mm。原型结构为平面双向偏心的不规则结构，并且根据多道设防的抗震设计方法进行设计。

9.2.2 模型设计

对该配筋砌体结构进行振动台试验，试验在中国地震局工程力学研究所进行。因实验室场地大小、高度、振动台台面大小及承载能力等限制，需要根据原型结构按照一定比例进行缩尺，使缩尺模型与原型结构在主要特征上相似。综合考虑试验条件限制和尺寸效应的影响，选择尺寸长度比为 1∶4 的相似比。缩尺后的模型与原型结构尺寸对比见表 9.1。

表 9.1　原型和模型概况

项目	原型	1/4 模型
层数	4	4
层高	3.3 m	0.825 m
总高	13.2 m	3.3 m
层厚	190 mm	48 mm
芯柱截面	140 mm × 120 mm	35 mm × 30 mm
楼板厚度	250 mm	63 mm
圈梁 / 主梁	300 mm × 190 mm	75 mm × 48 mm
材料	MU7.5、M7.5、Cb20	MU7.5、M7.5、Cb20

9.2.3 模型的相似关系

在动力试验中，模型结构与原型处于同一重力场和加速度场中，选择重力加速度和加速度的相似系数均为 1.0。并且由于试验对象是砌体结构,主要由砌块、砂浆、混凝土组成,从几何尺寸和材料选择上都有很大难度。因此,模型选择与原型相同的材料,具有相似的应力应变曲线。利用相似关系的计算方法,根据模型 1∶4 的相似比计算其他物理量的相似常数,结果见表 9.2。

表 9.2　动力结构模型试验的相似常数和相似关系

性能	物理量	采用原型材料相似关系	1∶4 模型相似常数
材料特性	应变 ε	$S_\varepsilon = 1.0$	1
	应力 σ	$S_\sigma = S_E$	1
	弹性模量 E	S_E	1
	等效密度 ρ_r	$S_{\rho r} = \dfrac{m_m + m_a + m_{om}}{m_p + m_{op}} \cdot S_l^3$	4
几何特性	长度 l	S_l	1/4
	面积 S	$S_S = S_l^2$	1/16
	线位移 X	$S_X = S_l$	1/4
	角位移 β	$S_\beta = 1.0$	1
荷载	集中力 P	$S_P = S_E S_l^2$	1/16
	线荷载 ω	$S_\omega = S_E S_l$	1/4
	面荷载 q	$S_q = S_E$	1
	力矩 M	$S_M = S_E S_l^3$	1/64
动力特性	质量 m	$S_m = S_{\rho r} \cdot S_l^3$	1/16
	时间 t	$S_t = S_l \cdot \sqrt{S_{\rho r} \cdot S_E^{-1}}$	1/2
	频率 f	$S_f = \sqrt{S_E \cdot S_{\rho r}^{-1}} / S_l$	2
	速度 v	$S_v = \sqrt{S_E \cdot S_{\rho r}^{-1}}$	1/2
	加速度 a	$S_a = S_E / (S_{\rho r} \cdot S_l)$	1
	重力加速度 g	1.0	1

模型钢筋的模拟按照截面抗弯和抗剪等强度原则进行。模型选用镀锌铁丝来模拟钢筋,根据钢筋的面积相似比确定,经计算确定模型受剪和受弯钢筋钢筋规格见表 9.3。

表 9.3   模型受剪和受弯钢筋钢筋规格

原型钢筋直径 （HPB235）	根据等强度原则确定 模型钢筋直径 /mm	实际选用镀锌 铁丝直径 /mm	模型镀锌 铁丝规格
$\phi 8$	1.74	1.66	16#
$\phi 10$	2.17	2.20	14#
$\phi 12$	2.61	2.77	12#
$\phi 14$	3.04	3.50	10#

9.2.4   模型概况

模型为 3 开间结构，平面不规则，各尺寸均按 1∶4 相似比进行缩尺，模型砌块按照 1∶4 相似比将原型混凝土砌块 390 mm×190 mm×190 mm 进行缩尺，得到尺寸为 96 mm×48 mm×48 mm，并按照该尺寸制作混凝土砌块。根据《砌体结构设计规范》（GB 50003—2011）在墙体内配置水平分布筋和竖向插筋，并且竖向插筋和水平分布筋配筋率也随层数增大而减小，避免结构上部刚度过大。模型刚度沿竖向逐层均匀递减，采用墙体内灌注芯柱，1 ~ 4 层灌孔率分别约为 33%、20%、12%、0。模型标准层平面图如图 9.1 所示，一层竖向插筋图如图 9.2 所示，南北和东西方向立面图如图 9.3 所示，1 ~ 4 层水平配筋图如图 9.4 所示。

9.2.5   模型结构的不规则性介绍

偏心结构是指假设楼板为刚性的前提下，结构的质量中心和刚度中心不重合，造成在平动作用下产生扭转反应。刚度中心，简称刚心，是指当一水平力经过结构某一点时，结构不发生扭转，该点即为刚心。在水平地震作用下，结构惯性力的合力通过结构的质量中心，而抗侧力构件的恢复力的合力通过刚度中心，结构发生平扭耦联振动，造成边缘构件反应增大，破坏严重。

依据试验目的，研究平面不规则配筋砌体结构在水平地震作用下产生的扭转反应，将结构设计成沿水平方向的偏心结构，双向偏心，x 和 y 向的偏心距分别为 30 mm 和 44 mm。刚心和质心沿竖向均匀分布，无偏心。

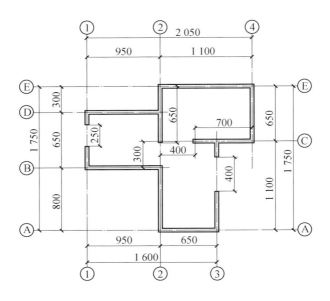

图 9.1 标准层平面图

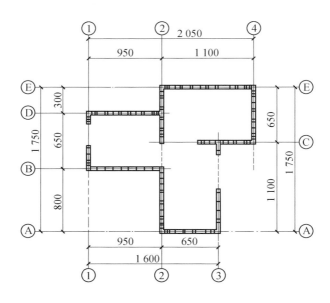

图 9.2 一层竖向插筋图

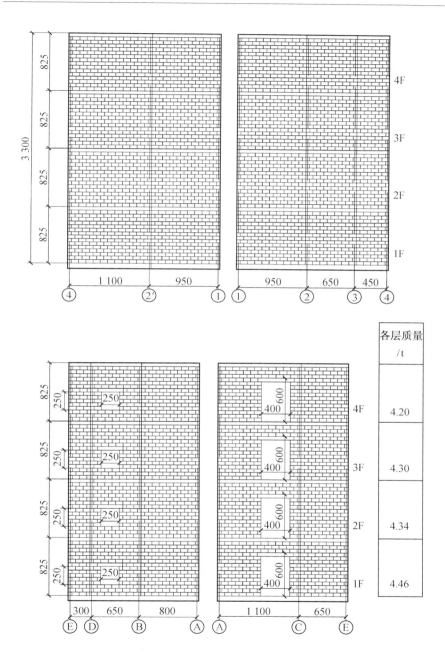

图 9.3 南北和东西方向立面图

各层质量 /t

4F	4.20
3F	4.30
2F	4.34
1F	4.46

189

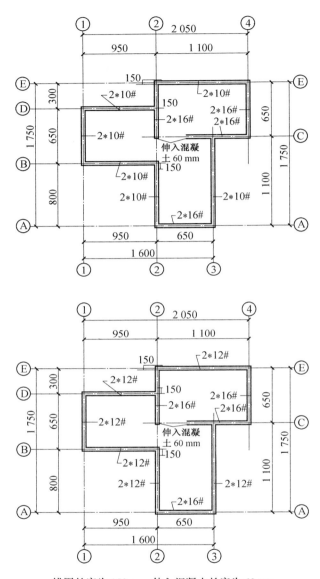

锚固长度为 150 mm, 伸入混凝土长度为 60 mm

图 9.4　1～4 层水平配筋图

为了判断建筑结构的平面不规则性，《建筑抗震设计规范》(GB 50011—2010) 中表 3.4.3-1 规定:结构平面凹进的尺寸大于相应投影方向总尺寸的 30% 为凹凸不规则结构。在规定的水平力作用下,楼层的最大弹性水平位移(或层间位移),大于该楼层两端弹性水平位移(或层间位移)平均值的 1.2 倍为扭转不规则。

《高层建筑混凝土结构技术规程》(JGJ 3—2010)[103] 中 3.4.5 规定:结构平面布置应减少扭转的影响。在考虑偶然偏心影响的地震作用下,楼层竖向构件的最大位移和层间位移,B 级高度高层建筑、混合结构高层建筑不宜大于该楼层平均值的 1.2 倍,不应大于该楼层平均值的 1.4 倍。结构以扭转为主的第一自振周期 T_t 与以平动为主的第一自振周期 T_1 之比,对于 B 级高层建筑、混合结构高层建筑不应大于 0.85。

根据抗震规范,结构平面 x 和 y 向凹进的最大尺寸约占相应投影方向总尺寸的 45.7% 和 46.3%,因此该模型结构为平面凹凸不规则结构。对于模型是否为扭转不规则结构,将在后面试验结果进行分析研究。

9.2.6 模型结构的多道抗震设防设计

模型根据前述多道设防的方法进行设计,将抗侧力构件分成两部分:主抗侧力体系和次抗侧力体系,将构件进行分组,确定 x 向主抗侧力体系件占全部构件的比例为 69%,y 向占 68%,主、次抗侧力构件详细分配和水平钢筋配置见表 9.4,满足规范底部加强区和一般部位的最小配筋率的要求。

表 9.4 主、次抗侧力构件及其水平钢筋配筋表

	主抗侧力构件			次抗侧力构件	
x 向	B 墙	D 墙	E 墙	A 墙	C 墙
y 向	1 墙	2 墙	3 墙	2 墙	4 墙
配筋情况	原型钢筋	模型钢筋		原型钢筋	模型钢筋
底部加强区(1-2 层)	2D14@600	2*10♯@150		2D8@600	2*16♯@150
一般部位(3-4 层)	2D12@600	2*12♯@150		2D8@600	2*16♯@150

试验模型通过在各级烈度地震动作用下,主、次抗侧力构件的位移和

耗能情况反映结构的多道设防,进而说明多道设防抗震设计的优越性和安全性,这部分内容将在第 9.4 节进行讨论。

9.2.7　模型质量及附加人工质量

当模型与原型采用相同材料时,需要在模型每层按要求施加一定的人工质量,提高模型材料的名义密度,经计算结果可知模型能施加完全人工质量,并考虑活荷载的影响,模型每层的附加人工质量明细见表 9.5。

表 9.5　每层原型、模型质量及模型附加人工质量　　　　　t

楼层	原型质量	原型活荷载	按相似比 1/16 计算的模型质量	模型质量	附加人工质量	附加活荷载	总配重	总重
一层	61.37	9.61	3.86	0.88	2.98	0.601	3.58	
二层	59.92	9.61	3.74	0.82	2.93	0.601	3.53	
三层	59.24	9.61	3.70	0.81	2.90	0.601	3.50	17.13
四层	54.69	9.61	3.42	0.79	2.63	0.601	3.23	
总计	235.57	38.48	14.72	3.30	11.43	2.404	13.83	

9.2.8　模型材性试验结果

在制作模型的同时预留了试件,测量所选材料的强度,试验结果见表 9.6。从表中可以看出抽样试件的试验强度平均值与设计值接近,说明所用模型材料强度基本符合原型设计强度的水平。

表 9.6　混凝土、砂浆、砌砌块性试验结果

材料	抽样试件	抗压承载力 /kN	抗压强度 /(N·mm^{-2})	平均值 /(N·mm^{-2})	试验值/ 设计值
混凝土块	砌块 1	34.8	7.40	6.73	0.9
	砌块 2	29.1	6.19		
	砌块 3	37.2	7.91		
	砌块 4	25.6	5.44		

续表 9.6

材料	抽样试件	抗压承载力 kN	抗压强度 /(N・mm^{-2})	平均值 /(N・mm^{-2})	试验值/ 设计值
砂浆	砂浆 1	39.21	7.84	7.74	1.03
	砂浆 2	36.3	7.26		
	砂浆 3	40.6	8.12		
混凝土	混凝土 1	290.5	12.91	11.52	0.97
	混凝土 2	297.4	13.22		
	混凝土 3	189.8	8.44		

注:1.砂浆立方体抗压强度试件尺寸为 70.7 mm×70.7 mm×70.7 mm;

2.混凝土立方体抗压强度试件尺寸为 150 mm×150 mm×150 mm

9.2.9 模型的制作过程与安装

试验制作过程首先在刚性底座上相应的竖向分布筋的位置固定膨胀螺栓,竖向分布筋焊在膨胀螺栓上,再由专业瓦工砌筑墙体,将混凝土砌块穿过竖向分布钢筋,逐皮错缝搭接砌筑一层墙体,在墙角部或是横纵墙连接处保证逐皮嵌套砌筑,防止形成竖向贯通灰缝,并校准墙体的水平和竖直。砌筑时必须使砌块孔洞对其铺砌,在孔洞内形成一个畅通、连续的竖向空间,以便于布置竖向钢筋并灌浆充分。然后平均砌筑 3 皮砌块后在有竖向插筋的孔洞内灌注混凝土并进行人工振捣。再按照设计要求每铺砌 3 皮砌块后布置一次水平分布钢筋。在有门窗洞口处,将预制的过梁搭接在窗洞两侧的墙体上,继续砌筑。接着布置一层圈梁钢筋骨架,支好模板,并铺好楼板钢筋,圈梁与楼板整体现浇混凝土。然后砌筑 2～4 层墙体,方法相同。模型整体砌筑完成后,养护 28 天,施工图如图 9.5 所示。

最后在模型表面涂上白色涂料,便于查找墙体表面裂缝发展。模型吊装就位,固定在振动台上,布置人工质量铅块,完工后的整体模型如图 9.6 所示。

(a) 模型缩尺砌块

(b) 锚固竖向插筋

(c) 逐层错缝搭砌混凝土砌块

(d) 在混凝土孔洞中灌注混凝土

(e) 每 3 皮布置水平钢筋

(f) 窗洞过梁

图 9.5　模型施工图

(g) 布置圈梁骨架   (h) 浇筑楼板和圈梁混凝土

(i) 砌筑 2~4 层墙体

续图 9.5

图 9.6　完工后模型图

9.3　试验实施

模型试验设计分为两个方面，一是设计模型结构的加载地震波和加载方式，为了满足试验设计的目的，通过加载波形相同、峰值加速度不同的两条地震波来模拟主—余震的作用，然后控制地震波加速度峰值的大小逐级递增对模型结构加载地震波；二是正确有效地布置测量结构反应的仪器，便于采集动力试验过程中的结构反应情况，主要包括位移、加速度、墙片相对位移、钢筋和混凝土应变等。下面详细阐述加载方式和仪器布置等内容。

9.3.1　台面输入地震激励

本试验选用卧龙波作为地震动激励，卧龙波是 2008 年 5 月 12 日中国汶川地震记录采集的加速度时程，震级 8.0 级。其主要强震部分持续时间约为 20 s 左右，记录全部波形长为 180 s，E—W 分量、N—S 分量、U—D 分量加速度峰值分别为 957.7 cm/s^2(33.01 s)、653 cm/s^2(32.79 s)、948.103 cm/s^2(31.49 s)。记录加速度的时间间隔为 0.005 s。各分量的加速度时程曲线如图 9.7 ~ 9.9 所示。试验中选用卧龙波 E—W 分量作为输入地震动，并且均为单向输入，加速度按照相似比 1:1 进行换算，时间缩短为原波长的 1/2。

9.3.2　试验加载制度

地震往往伴随有余震的频发，根据主震和余震的震级统计关系，将地震序列分为 3 种类型，关系如图 9.10 所示。本试验采用主震型和双震型的地震序列。方式为：首先输入一条加速度曲线，认为是主震，待结构反应处于静止状态后，再次输入一条波形相同、峰值加速度相同或不同的地震波作为余震。

《建筑抗震设计规范》(GB 50011—2010)中关于加速度时程最大值的选取可按规范中表 5.1.2—2 采用，根据表 9.7 试验按照以下 4 种情况模拟

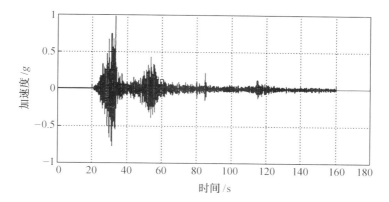

图 9.7　卧龙波 E－W 方向加速度曲线图

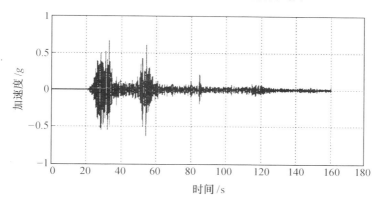

图 9.8　卧龙波 N－S 方向加速度曲线

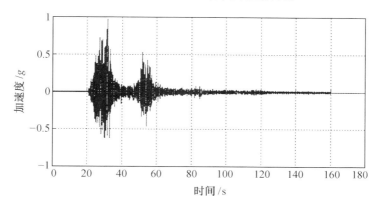

图 9.9　卧龙波 U－D 方向加速度曲线

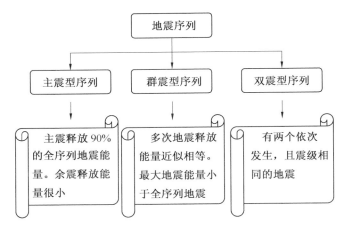

图 9.10　地震序列分类

主震加载,加速度峰值小量逐级递增:0.07g(70 gal)、0.22g(220 gal)、0.40g(400 gal)、0.62g(620 gal),并且均为单向地震动加载。首先沿 x 向加载 0.07g 和 0.22g 地震动,看作是主震,这时 x 向的抗侧力构件受到轻微损伤,y 向损伤较 x 向更小。为了研究结构在无损伤状态下,强震作用后的反应,接着进行 y 向 0.40g 地震动加载,最后对结构 x 向加载 0.40g、0.62g 地震动。

余震模拟按以下方式进行:0.07g 和 0.22g 主震后分别输入 0.07g、0.22g 双震型序列余震;0.40g、0.62g 主震后均先输入 0.22g 主震型余震 1,再分别输入 0.40g、0.62g 双震型余震 2。

试验前和每次地震动加载后,对结构进行双向的小振幅白噪声扫频(加速度峰值为 0.03g),获得结构双向的频率、阻尼比、振型等动力特性的变化情况。试验模型的加载制度见表 9.7。

表 9.7　试验加载制度

工况号	输入波形	激振方向	x 方向加速度峰值 /g		y 方向加速度峰值 /g		备注
			设计值	实际值	设计值	实际值	
1	白噪声	$x+y$	0.03		0.03		
2	卧龙波	x	0.07	0.07			0.07g 主震
4	卧龙波	x	0.07	0.07			0.07g 余震
5	白噪声	$x+y$	0.03		0.03		

续表9.7

工况号	输入波形	激振方向	x 方向加速度峰值 /g		y 方向加速度峰值 /g		备注
			设计值	实际值	设计值	实际值	
6	卧龙波	x	0.22	0.22			0.22g 主震
7	白噪声	$x+y$	0.03		0.03		
8	卧龙波	x	0.22	0.18			0.22g 余震
9	白噪声	$x+y$	0.03		0.03		
10	卧龙波	y			0.4	0.62	0.62g 主震
11	白噪声	$x+y$	0.03		0.03		
12	卧龙波	y			0.22	0.18	0.22g 余震 1
13	白噪声	$x+y$	0.03		0.03		
14	卧龙波	y			0.4	0.4	0.62g 余震 2
15	白噪声	$x+y$	0.03		0.03		
16	卧龙波	x	0.4	0.41			0.40g 主震
17	白噪声	$x+y$	0.03		0.03		
18	卧龙波	x	0.62	0.62			0.62g 主震
19	白噪声	$x+y$	0.03		0.03		
20	卧龙波	x	0.22	0.19			0.22g 余震 1
21	白噪声	$x+y$	0.03		0.03		
22	卧龙波	x	0.62	0.6			0.62g 余震 2
23	白噪声	$x+y$	0.03		0.03		

注：1. 加载时工况 3 振动台出现异常，所以从加载工况中剔除；

2. 加载地震动时，未精确控制仪器，工况 10 卧龙波 y 向设计加载加速度峰值为 0.40g，实际加载为 0.62g

9.3.3 加载装置和测量传感器布置

1. 试验加载装置

试验在中国地震局工程力学研究所振动台实验室进行。地震模拟振动台主要性能参数如下：

台面尺寸	3.0 m×3.0 m
最大承载模型重	15 t
振动方向	x、y、z 三向
台面最大加速度	x 向 1.0g;y 向 1.0g;z 向 2.0g
频率范围	0.1～50 Hz

2. 测点布置

(1)测点布置原则。

当建筑结构发生振动时,一般包括沿两个水平方向的振动、扭转振动和竖直振动。各个振动形式需要分别布点、分别测量。本试验主要测量结构的水平和扭转振动。水平振动测点是指测量结构需测部位的水平振动,主要测结构两个方向的振动。扭转振动测点是指测量结构需测部位的扭转振动,当结构形状不规则或是地震中存在扭转分量,都会使结构产生扭转,因此研究结构扭转反应需布置扭转测点。测点布置原则为:

① 在结构刚度中心位置布置水平振动测点。当结构振动时,存在平动和扭转振动,扭转振动是沿结构的刚度中心两侧对称振动。所以要只得到结构的平动反应,而不包括扭转反应,在其刚度中心处布置平动测点,只接收平动信号。但是,有时结构的刚心因实际情况不易确定时,应使水平测点尽量靠近刚心布置,或者选择结构的几何中心近似代替刚心,这样测得结果基本为平动信号,扭转信号较少。

② 在结构最外边缘对称布置扭转振动测点。结构的扭转反应距刚心越远越大,因此需要远离刚心布置。对于比较规则的结构,需要沿结构最外边缘,距离刚心最远处对称布置扭转测点,得到的信号结果中同时包含了平动和扭转反应,但扭转反应最明显。

(2)试验测量仪器以及布置位置。

本次试验测试了模型结构的位移、加速度、墙片位移、钢筋和混凝土墙体应变。位移传感器采用 SW 型位移传感器,加速度传感器采用 MBA－5型和 RLJ－1 型差容式力平衡加速度传感器,相对位移传感器采用 SW－3型相对位移传感器及应变片。相关仪器如图 9.11 所示。

试验共布置了 18 个加速度传感器、12 个位移传感器、8 个相对位移传

(a) SW 型位移传感器

(b) MBA-5 型差容式力平衡加速度传感器

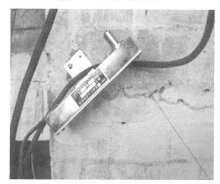

(c)SW-3 型相对位移传感器

(d) 试验仪器采集和输出设备

图 9.11 试验采用的测量传感器

感器、8 个混凝土应变片、8 个钢筋应变片。按照上述测点布置方法布置加速度传感器,在台面沿 x 和 y 向各布置一个,每层布置相同,如图 9.12 所示,图中黑方块为传感器布置位置,均对称布置于结构最外边缘两侧,用来测得不规则结构的扭转反应。

因实验室加速度和位移传感器数量有限,不能完全按照要求布置,所以根据试验目的和内容,加速度传感器布置全部楼层扭转反应的测点,位移传感器在台面、二、四层布置与加速度传感器的布置位置相同,在一层和三层只在 A 轴处布置,测试模型结构 x 向位移。这样测量的结果不能区分模型结构的平动反应和扭转反应,为了解决这一问题,在模态分析过程中,会采用相应的方法进行处理。

同时为了得到墙片位移,试验在墙片上设置 8 个拉线式相对位移传感

201

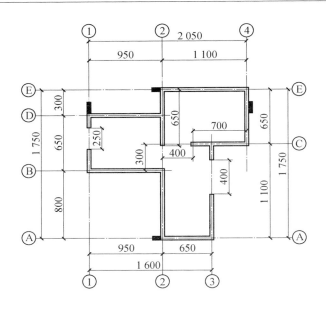

图 9.12 加速度、位移传感器布置图

器。在一层和三层 A 轴、D 轴、2 轴、4 轴墙片上布置,布置方式如图 9.12 所示。分别获得 x 向和 y 向主、次抗侧力构件的位移。钢筋应变片布置在一层的水平钢筋和竖向插筋上,混凝土应变片布置在一层 D 轴和 2 轴墙片表面,布置方式如图 9.13 所示。

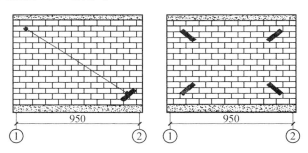

图 9.13 相对位移传感器和混凝土应变片布置图

9.3.4 试验现象

表 9.8 中概述了模型结构的试验现象,可以看出随着地震烈度的增加,模型破坏程度越明显,裂缝开展越严重,结构损伤积累越大。

表 9.8　试验现象

工况	试验现象及相关结论	备注
x 向 0.07g 主余震	主震和余震作用后,模型表面未出现肉眼明显可见裂缝	
x 向 0.22g 主余震	主震和余震作用后,模型除了以下几处出现裂缝,无明显现象: 抗侧力构件芯柱和未灌孔的砌块连接处、竖向灰缝以及相邻构件的连接处都属于薄弱部位,易产生裂缝。所以模型结构二层 B 轴、D 轴、2 轴的这些薄弱部位出现竖向裂缝。其他墙体表面未观测到可见裂缝	
y 向 0.62g 主余震	0.62g 主震作用时明显看出模型产生较大的位移,墙片表面多处出现裂缝,并且发出噼里啪啦断裂的声音,开始轻微掉下碎屑。y 向墙片较 x 向裂缝更多、更宽、更长,基本上沿着水平灰缝和斜向台阶灰缝发展,呈水平、斜向和"X"交叉型。三、四层墙片裂缝少而短,一、二层的墙片裂缝多而长,墙体中下部破坏较严重,在模型底部与刚性地板连接处,楼板与墙体上、下连接处产生小缝宽的水平贯通缝。门洞上部连梁出现斜裂缝,并且从门洞角部开始发展 0.22g 余震作用后,2 轴一层和二层墙片、3 轴三层墙片表面出现水平和斜裂缝 0.40g 余震作用后,发现 y 向墙片多处出现新裂缝,基本在已有的裂缝上继续延伸发展,并且在一、二层门洞右上角出现斜裂缝,在模型底部与刚性地板连接处加深水平贯通缝的裂缝发展	裂缝见图 9.14
x 向 0.40g 和 0.62g 主余震	0.40g 主震作用后,x 向墙片出现很多新裂缝,多呈水平和斜向开裂。发现原有裂缝变宽,尤其是楼板与墙体连接处的水平裂缝 0.62g 主震作用时,墙片断裂声音很大,不断掉下大量碎屑,甚至在模型结构底部、角部以及在施工灌孔不充分墙体表面剥落大块混凝土,模型结构破坏严重。一、二层墙片明显产生很多新裂缝,三、四层裂缝突然增多。而且在原有基础上,裂缝进一步延伸、加宽,在模型根部基本形成大的水平贯通缝,墙体表面裂缝仍呈水平、斜向或是"X"交叉型。B 轴的二、三层和 3 轴二、三层圈梁上产生裂缝	

续表 9.8

工况	试验现象及相关结论	备注
	0.22g 余震作用后,多数墙片表面裂缝延伸开裂,或是新裂缝将两个未贯通的原有裂缝连接起来 　　0.62g 余震作用时,明显看到墙片沿裂缝发生错动。出现少量新裂缝,结构已严重破坏	

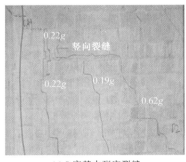

(a) 8 度基本烈度裂缝　　　　　　　　(b) 水平和延伸裂缝

(c) 斜裂缝和延伸裂缝　　　　　　　　(d) X 型交叉裂缝

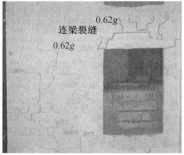

(e) 门洞角部和水平贯通缝　　　　　　(f) 连梁裂缝

图 9.14　　模型结构裂缝图

(g) 墙体和楼板裂缝　　　　　　　　　　(h) 圈梁裂缝

(i) 墙体表层混凝土剥落与灌孔不充分

续图 9.14

9.3.5 配筋砌体结构震害裂缝种类与破坏机理分析

配筋砌体结构不同于砖砌体结构,该结构是由砂浆逐层搭砌小型混凝土砌块,在混凝土孔洞内布置竖向分布钢筋,并灌注混凝土,同时在墙体水平方向布置水平钢筋,使得结构比普通的砌体结构具有更强的整体性和较好的强度。配筋砌体结构在水平往复地震作用下,尤其是强震易产生裂缝,主要为斜裂缝、X 型交叉裂缝、水平裂缝、竖向裂缝、门窗洞口处的斜裂缝,如图 9.14 所示,裂缝及其产生的破坏机理分析如下。

1. 斜裂缝和 X 型交叉裂缝

在水平地震作用下,与地震作用方向一致的墙体,受到自重和水平地震作用力的影响,当墙体内主拉应力方向的强度超过其极限强度时,便会沿着主拉应力的垂直方向产生裂缝,所以受到重力和地震水平作用产生的

205

惯性力的作用,两者的合力为主压应力,其方向与墙体水平方向呈 45° 角,主拉应力方向与主压应力方向垂直,沿主拉应力方向产生斜裂缝,斜裂缝大体是与墙体水平方向呈 45° 角,主要沿阶梯型灰缝发展;再由于地震是水平往复作用的,因此墙体双向产生斜裂缝,形成 X 型裂缝。

2. 水平裂缝

水平裂缝主要出现在结构根部,与基础交界处,还有在墙体的中部、上下端与圈梁、楼板连接处。产生水平裂缝的原因主要有:一是由于结构底部的弯矩最大,相应产生的弯曲正应力也最大,所以当正应力超过其极限值时,产生水平裂缝;二是由于结构与基础、墙体与圈梁和楼板之间的刚度相差很大,结构相对基础刚度很小,墙体相对于楼板刚度较小,因此在相邻截面处易产生裂缝,连接性较差,开裂后发生相对错动;三是在墙体中部出现裂缝,说明是由于墙体受弯作用引起的开裂。

3. 竖向裂缝

墙体内产生的竖向裂缝较少,分析主要原因是在墙体砌筑过程中在竖向灰缝处,砂浆不够密实,或者是因为墙体部分孔洞内灌注混凝土,导致灌孔和未灌孔两侧刚度相差大,这些部位易形成竖向裂缝。

4. 门窗洞口处的斜裂缝

门窗洞口角部容易形成应力集中,易产生斜裂缝。

9.4　模型试验结果与分析

振动台获得的原始数据中夹杂着噪声产生的结果,并且很多数据并不能作为结果直接使用,因此需要对数据进行处理。结合试验特点,通过 MATLAB 软件自编程序,对振动台试验的信号结果进行数据处理,主要包括:对白噪声结果进行处理,进行模型结构的模态分析;对加速度结果进行二次积分,得到位移;利用模态分析结果,对原始数据进行消除趋势项和滤波,消除噪声影响,然后从主 — 余震、结构的不规则性、多道抗震设防 3 个方面着手,将处理后的数据包括结构的动力特性、位移、加速度、应变等进行分析研究。

9.4.1 模型结构的动力特性

模型结构的动力特性包括自振频率（周期）、阻尼比和振型，这些动力特性参数是结构的固有属性，与外荷载无关。

1. 模型自振频率的确定

模型的自振频率通过试验方法来测得。为了得出结果，将试验所测得的加速度结果利用 MATLAB 进行模态分析，分别做出相应的自功率谱、互功率谱、相干函数，再经对比分析可得到结构的自振特性。

（1）基本概念。

① 自功率谱密度函数。

平均周期法的自功率谱密度函数为

$$S_{xx}(k) = \frac{1}{MN_{\text{FFT}}} \sum_i^M X_i(k) X_i^*(k) \qquad (9.1)$$

式中 $X_i(k)$——对一随机振动信号的第 i 个数据段的傅里叶变换；

    $X_i^*(k)$——$X_i(k)$ 的共轭复数；

    M——平均次数。

自功率谱密度函数是实函数，说明振动信号各频率处的功率的分布情况，确定主要频率，可以得出结构的自振特性。

② 互功率谱。

平均周期法的互功率谱密度函数为

$$S_{xy}(k) = \frac{1}{MN_{\text{FFT}}} \sum_i^M X_i(k) Y_i^*(k) \qquad (9.2)$$

式中 $X_i(k)$、$Y_i(k)$——两个随机振动信号的第 i 个数据段的傅里叶变换；

    $Y_i^*(k)$——$Y_i(k)$ 的共轭复数。

互功率谱密度函数是复数，可以用来获得结构的动力特性。

③ 相干函数。

相干函数是互功率谱密度函数的模的平方除以激励和响应自谱乘积的商，即

$$C_{xy}(k) = \frac{|S_{xy}(k)|^2}{S_{xx}(k)S_{yy}(k)} \tag{9.3}$$

式中　　$S_{xx}(k)$、$S_{yy}(k)$——用平均周期图方法处理得到的随机振动激励

信号和响应信号的自功率谱密度函数的估计；

$S_{xy}(k)$——激励与响应信号的互功率谱密度函数的估计。

相干函数反映了两个随机振动信号在其频域内的相关程度,说明输入信号引起的输出信号的频率响应的多少。相干函数的范围为 0 ～ 1,两信号的相关程度越高,相干函数越接近于 1,认为当相干函数值不小于 0.8 时,得到的结果较为准确。

（2）自振频率确定。

根据白噪声扫频的结果,利用自编 MATLAB 程序,计算模型各测点的自功率谱、互功率谱、相干函数,通过对比自功率谱和互功率谱,在其幅频曲线图上会出现一些曲线峰值,这些峰值点对应的频率,有些是结构的自振频率,有些是噪声产生的,为了有效地将结构的自振频率从噪声干扰中区分出来,采用如下方法：

① 首先记录自谱和互谱图中的所有峰值点,对比自谱和互谱图中相同频率处都出现峰值的频率。

② 然后观察互谱的相位角曲线,判断在这些频率处的相位角是否在 0° 或 180° 附近,相位角在 0° 附近时说明测点和参考点的振动方向相同,相位角在 180° 附近,说明测点与参考点的振动方向相反。如果相位角在 0° 或 180° 附近选择该处频率。

③ 最后观察相干函数曲线,当上面所选择的频率处的相干函数接近于 1 或大于 0.8,就说明该峰值处的频率为模型结构的自振频率。

结合上述方法,给出模型判断自振频率实例,以结构一层 x 向 A 轴处的测点为参考点,四层 x 向 A 轴处的测点为实测点。利用 MATLAB 语言程序做出两测点的自功率谱、互功率谱和相干函数,如图 9.15 所示。可以看出图中出现很多波峰,先分别选出 7.91 Hz、14.59 Hz、20.72 Hz 等几处曲线,确定是否有峰值。对比一层和四层自谱和一、四层互谱可以看出,在 7.91 Hz 处曲线均有峰值,相位角在该频率处接近于 0°,并且相干函数在该

频率处接近于 1,由此可以说明 7.91Hz 为模型的一个自振频率。用这个方法可以确定模型结构其他自振频率。

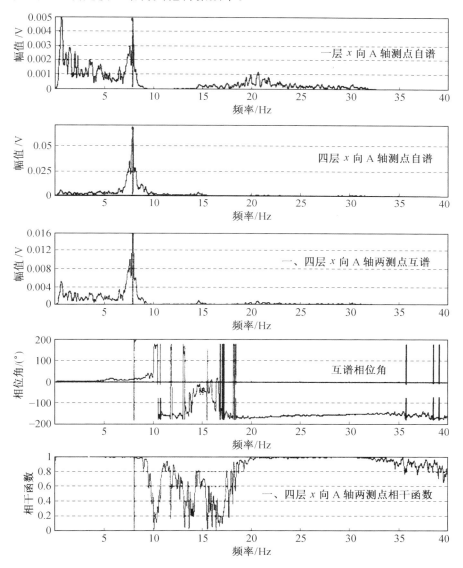

图 9.15　测点的自功率谱、互功率谱和相干函数

（3）模型平动和扭转频率的确定。

结构的自振频率包括平移振动频率和扭转振动频率,需要进行有效的

区分。前面已述及,布置测点时,由于实验室传感器数量有限,未能布置专门测试 x 和 y 向平移振动的仪器,只在结构最外边缘对称布置测试模型结构扭转反应的传感器,因此在数据处理阶段,获得的数据同时包含平动分量和扭转分量,不能有效地进行区分。为了解决这个问题,采用以下方法:因布点时加速度传感器尽量对称布置在结构外侧两端,所以近似认为传感器沿扭转中心对称布置,两端振动反应在同一量级上。由于结构发生振动时,扭转分量方向相反,平动分量方向相同,在处理过程中采取对加速度信号进行叠加或相减的方法,即对称两分量相加,互相抵消扭转反应,放大平动反应;同理对称两分量相减,则减小平动分量,放大扭转反应[104]。这样分析自功率谱和互功率谱时,分量相加得到平动频率,分量相减得到扭转频率。

选取某一地震动作用下四层测点为例,利用自编 MATLAB 程序对该测点结果进行动力分析,得到该测点的各阶频率如图 9.16 所示,显示在某地震烈度激励下,模型结构的四层自功率谱幅频图,图中二阶频率的峰值不明显,可以看出模型的一、二两阶频率,如图虚线处表示,但判断不出是平动还是扭转频率。

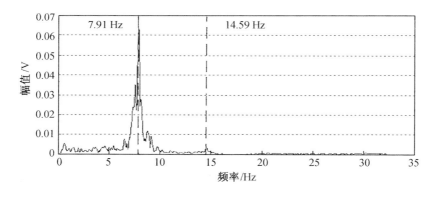

图 9.16　四层自功率谱幅值

图 9.17 中放大平动分量,图 9.18 中放大扭转分量,并且各分量自振频率处幅值清晰明显,判断出 7.91 Hz 处的频率为一阶平动频率,14.59 Hz 处的频率为一阶扭转频率。四层扭转自谱图在 5 ~ 10 Hz 有两个峰值,但这两个峰值处的频率不是扭转频率,因为布点时,两个对称点并不是以扭

转中心完全对称,所以平动分量并不能完全抵消,这两个峰值处的频率与 y 向和 x 向的平动频率相同,说明这两个峰值是因平动分量并未完全抵消造成的。

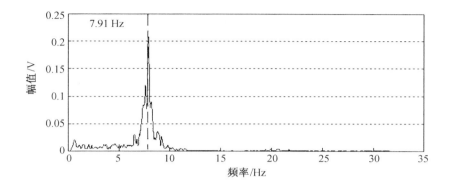

图 9.17　四层平动自功率谱幅值

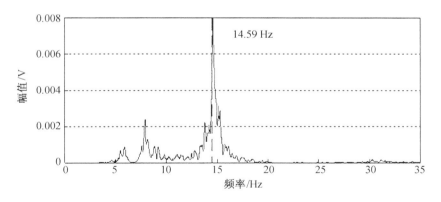

图 9.18　四层扭转自功率谱幅值

同时,也可以通过比较参考点和测试点的互功率谱,观察两者的相位关系,利用传感器的振动相位判断结构的动力特性,同一楼层的测点之间的相位差是否为 $180°$,可以用来判断扭转频率和平动频率;不同楼层测点可以用来判断各层测点振动的方向,即确定相应频率处的振型方向。方法是选一处的加速度传感器为参考点,当所选同层测点和参考点互功率谱某一峰值对应频率处的相位在 $0°$ 附近时,说明该频率处参考点和测试点的相位同向;同理,当互功率谱的某一峰值对应频率处的相位在 $180°$ 附近时,说明该频率处参考点和测试点的相位反向。因模型扭转分量较平动分量的幅值小很多,该方法不易找出模型结构扭转频率,所以用来校核一阶频率并判断各阶频率的振动方向,即在绘制振型图时,判断各层振动的相对位置。

图 9.19～9.21 分别为该测点平动和扭转的互功率谱、相位角、相干函数。选择一层加速度测点为参考点,做四层与一层测点的互功率谱,经对比分析可以看出一阶平动频率 7.91 Hz 处,相位角为 0°,说明四层和一层的一阶平动振型振动方向一致,在扭转频率 14.59 Hz 处,相位角也为 0°,说明四层和一层的一阶扭转振型振动方向一致。再对比平动和扭转的相干函数图,可以看出在峰值频率处的相干函数都接近于 1,说明参考点和测试点的相关程度高,该峰值频率是结构的自振频率,外界噪声影响小,幅值和相位结果真实有效。

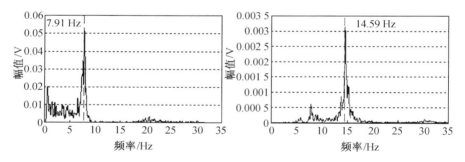

图 9.19　四层平动和扭转互功率谱幅值

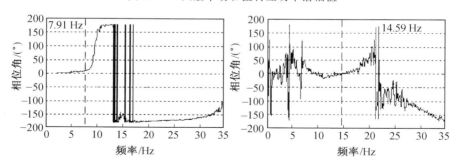

图 9.20　四层平动和扭转互功率谱相位角

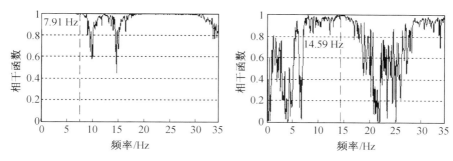

图 9.21 四层平动和扭转相干函数

经分析判断利用叠加和相减方法判断频率振动形式是正确可行的,得出的各阶频率见表 9.9。

表 9.9 模型结构的自振频率、阻尼比及振型形态

序号		一阶	二阶	三阶	四阶	五阶	六阶
工况 1	频率/Hz	5.89	7.91	14.59	19.94	20.72	30.30
(0.07g)	阻尼比 %	1.78	1.33	0.55	0.40	0.63	0.36
x 向主震	振型形态	y 向平动	x 向平动	扭转	y 向平动	x 向平动	扭转
工况 5	频率/Hz	5.50	7.16	13.48	19.41	20.62	26.84
(0.07g)	阻尼比 %	1.18	2.86	2.41	5.51	0.68	2.70
x 向余震	振型形态	y 向平动	x 向平动	扭转	y 向平动	x 向平动	扭转
工况 7	频率/Hz	5.48	6.57	12.90	18.60	20.68	26.78
(0.22g)	阻尼比 %	2.92	2.51	1.78	0.35	3.19	2.09
x 向主震	振型形态	y 向平动	x 向平动	扭转	y 向平动	x 向平动	扭转
工况 9	频率/Hz	5.03	6.56	12.17	18.02	19.96	26.67
(0.22g)	阻尼比 %	3.68	1.52	1.27	3.75	1.73	2.23
x 向余震	振型形态	y 向平动	x 向平动	扭转	y 向平动	x 向平动	扭转
工况 11	频率/Hz	3.47	6.53	9.78	13.01	19.45	26.80
(0.62g)	阻尼比 %	6.03	3.21	3.28	5.01	1.52	2.39
y 向主震	振型形态	y 向平动	x 向平动	扭转	y 向平动	x 向平动	扭转

续表 9.9

序号		一阶	二阶	三阶	四阶	五阶	六阶
工况 13	频率 /Hz	3.48	6.27	9.22	12.99	19.46	21.81
(0.22g)	阻尼比 %	2.44	2.87	3.04	3.67	0.36	2.34
y 向余震 1	振型形态	y 向平动	x 向平动	扭转	y 向平动	x 向平动	扭转
工况 15	频率 /Hz	3.41	5.94	8.78	12.49	17.44	20.72
(0.40g)	阻尼比 %	5.12	2.10	3.30	2.48	0.80	2.24
y 向余震 2	振型形态	y 向平动	x 向平动	扭转	y 向平动	x 向平动	扭转
工况 17	频率 /Hz	3.61	5.03	7.93	13.37	16.16	20.72
(0.40g)	阻尼比 %	3.88	5.67	4.60	3.25	0.50	2.41
x 向主震	振型形态	y 向平动	x 向平动	扭转	y 向平动	x 向平动	扭转
工况 19	频率 /Hz	3.63	5.0	7.95	13.34	15.77	19.81
(0.62g)	阻尼比 %	2.48	1.39	4.22	1.42	3.26	1.19
x 向主震	振型形态	y 向平动	x 向平动	扭转	y 向平动	x 向平动	扭转
工况 21	频率 /Hz	3.48	5.02	7.92	13.49	15.30	20.74
(0.22g)	阻尼比 %	5.32	2.78	1.14	3.90	2.38	0.77
x 向余震 1	振型形态	y 向平动	x 向平动	扭转	y 向平动	x 向平动	扭转
工况 23	频率 /Hz	3.38	4.60	7.36	13.32	15.31	19.85
(0.62g)	阻尼比 %	4.88	3.26	6.94	8.00	3.63	0.35
x 向余震 2	振型形态	y 向平动	x 向平动	扭转	y 向平动	x 向平动	扭转

2. 模型阻尼比

确定模型结构各阶自振频率后,计算该频率处的阻尼比。结合模型自功率谱、互功率谱幅频曲线图,利用半功率点法来确定各阶频率处的模型阻尼比。方法如下:

在共振曲线图 9.22 中,确定一峰值 C 点处的频率 ω_0 和 $X_{\max}$ 的值,即

$$|X_a| = |X_b| = \frac{1}{\sqrt{2}}|X_{\max}| = 0.707|X_{\max}| \tag{9.4}$$

在 $|X_a|$ 和 $|X_b|$ 处对应的频率为 ω_a 和 ω_b,阻尼比为

$$\zeta = \frac{\omega_b - \omega_a}{2\omega_0} \tag{9.5}$$

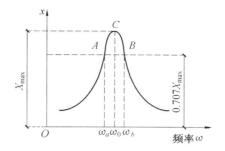

图 9.22　共振曲线图

3. 模型振型

模型振型可通过自谱幅值和互谱的相位来确定。绘制各层测点的自谱和互谱图,计算各楼层某一阶频率处的自谱幅值的比值,取顶层幅值为1,经归一化处理后得到各楼层处振型幅值。结合互谱的相位,当某层与一层在同一频率处的相位在 0° 附近时,说明这两层振动方向相同,如果相位在 180° 附近时,说明这两层振动方向相反,依此确定振型的方向。

4. 模型结构模态分析

表 9.9 列出模型的前 6 阶振型的自振频率、阻尼比以及振型形态。在试验过程中,发生因固定模型的螺栓松动引起的振松现象,所以在加载工况 12、16、18 前,试验人员把各螺栓重新拧紧,防止模型发生相对于刚性地板的振动。因此,固定模型后即增加了模型相对试验台面的刚度,导致模型的整体刚度和频率上升,所以在工况 13、17、19 白噪声扫频后,发现模型结构自振频率有小幅度增加。

从表 9.9 中分析看出,总体变化趋势上,随着地震烈度增加,模型结构的各阶自振频率逐渐降低,阻尼比逐渐增加。结构在同一加速度峰值的地震动作用下,不同振型的频率是随着振型阶次的提高而增大的,而不同振型的阻尼比是随着振型阶次的提高而有减小的趋势。结构振型依次呈现 y 向平动、x 向平动和整体扭转,说明结构的 y 向刚度比 x 向刚度小。并且从一阶到二阶振型顺序并未发生变化,说明模型结构各向刚度退化程度一致。模型的扭转频率一直呈下降趋势,在作用峰值加速度不小于 0.40g 的地震动作用时扭转频率下降较大,说明大震造成模型结构产生较大的扭转反应,导致扭转刚度损失严重。结构频率较大损失主要是由主震造成的,同时余震也产生一定的影响,双震型余震造成的频率损失和刚度下降较主震型余震大。下面分别讨论加载各级加速度峰值的主余震后的频率下降情况。

①x 向 0.07g 主余震作用后,模型结构双向的各阶频率均下降,这是因为模型内部有微小裂缝开展,导致刚度降低,阻尼比增大。

②x 向 0.22g 主震作用后,模型结构各阶频率继续下降,阻尼比大体呈上升趋势。因是 x 向加载,可以看出 x 向频率下降程度比 y 向大。

③x 向 0.22g 余震作用后,x 向一阶频率下降不显著,二阶频率降低,y 向和扭转频率下降较大。模型结构刚度下降,进入弹塑性状态。

④y 向 0.62g 主震作用后,模型结构 y 向一阶和二阶频率下降很大,对应阻尼比明显增大,同时也导致 x 向的频率小量降低,扭转一、二两阶频率下降幅值也很大。此时模型 X、Y、扭转的一阶频率与初始值相比下降幅度达 17%、41%、33%。

⑤y 向 0.22g 余震 1 作用后,发现 y 向一阶和 x 向二阶频率较主震后略大,因为主震后工作人员拧紧刚性地板上的固定螺栓,导致整体刚度增大;其余频率降低较小。y 向 0.40g 余震 2 作用后,各向频率幅值比之前 0.22g 余震 1 下降更明显,阻尼增大较多,说明双震型余震比主震型余震对结构破坏更显著。总体看出双震型余震在主震作用后,进一步造成模型结构的频率损失。

⑥x 向 0.40g 主震作用后,模型结构 x 向的一、二两阶频率下降严重,模型刚度降低,阻尼比大幅上升,扭转频率降低。因拧紧模型固定螺栓频率少量增大。

⑦x 向 0.62g 主震作用后,x 向频率继续降低,但幅值较小,因拧紧固定螺栓 y 向和扭转频率小幅度上升。

⑧x 向 0.22g 余震 1 作用后,各阶频率下降程度不明显。x 向 0.62g 余震 2 作用后,各阶频率继续下降,阻尼增大,但变化幅度不大,结构严重破坏,接近极限状态,y 向、x 向、扭转的频率依次下降至 3.38 Hz、4.60 Hz、7.36 Hz。

各工况加速度峰值地震动作用后,模型结构的破坏状态见表 9.10。

表 9.10　各项地震动作用后模型结构的破坏状态

加载工况	自振频率 /Hz		结构性态	备注
	x	y		
工况 1($0.07g$)x 向主震	7.91	5.89	结构完好	8 度多遇
工况 5($0.07g$)x 向余震	7.16	5.50	结构完好	8 度多遇
工况 7($0.22g$)x 向主震	6.57	5.48	轻微破坏	8 度基本
工况 9($0.22g$)x 向余震	6.56	5.03	轻微破坏	8 度基本
工况 11($0.62g$)y 向主震	6.53	3.47	y 向中等破坏到严重破坏	9 度罕遇
工况 13($0.22g$)y 向余震 1	6.27	3.48	y 向中等破坏到严重破坏	8 度基本
工况 15($0.40g$)y 向余震 2	5.94	3.41	y 向严重破坏	8 度罕遇
工况 17($0.40g$)x 向主震	5.03	3.61	x 向中等破坏到严重破坏	8 度罕遇
工况 19($0.62g$)x 向主震	5.00	3.63	X 严重破坏	9 度罕遇
工况 21($0.22g$)x 向余震 1	5.02	3.48	X 严重破坏	8 度基本
工况 23($0.62g$)x 向余震 2	4.60	3.38	X 严重破坏	9 度罕遇

图 9.23 和 9.24 显示了模型结构的频率损失,该百分比值均为各地震动作用后模型的频率损失占模型加载前频率的百分比。从图中可以看出随着地震动峰值加速度的增大,各阶频率损失比均显著增大。先看模型一阶频率,有两处明显的跳跃,曲线斜率较大,这两处是加载 y 向 $0.62g$ 和 x 向 $0.40g$,各次主震作用后,频率损失曲线的斜率较大,说明主震是造成频率大幅降低的主要因素,但余震在一定程度上也使损失曲线上升,加速度峰值较小的主震型余震造成模型相应方向频率损失较少,但加速度峰值较大的双震型余震造成模型相应方向的频率损失较大,例如当 y 向 $0.62g$ 主震作用后,一阶 y 向频率损失 26%,之后作用 y 向 $0.22g$ 余震 1,频率基本未损失,作用 $0.40g$ 余震 2 后,频率损失到 1.2%。由此分析,余震对结构损伤不容忽视,尤其是双震型余震,当结构进入塑性状态时,有可能导致结构破坏倒塌,所以抗震设计时有必要考虑余震的影响。

模型二阶各项频率中,发现 x 向二阶频率的损失主要也是由 x 向 $0.40g$ 和 $0.62g$ 主余震造成的,在小震作用下,损失不明显,在大震作用下,

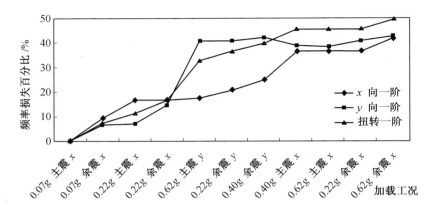

图 9.23　各级地震动作用下的结构一阶频率损失图

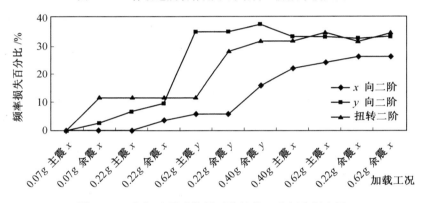

图 9.24　各级地震动作用下的结构二阶频率损失图

损失显著;y 向二阶频率,作用 0.62g 主震后,y 向二阶频率损失大幅增大, 之后主余震作用造成的频率损失基本保持在同一水平,这时模型 y 向发生严重开裂,说明模型刚度损失较大,之后频率损失增长缓慢。同样也可以看出,加载大震,如 y 向 0.62g 地震波和 x 向 0.40g 地震波后,模型发生开裂,相应方向的刚度损失严重,之后频率损失上升缓慢或基本保持不变。

　　最终模型一阶 x 向、y 向、扭转频率损失至最初频率的 42%、43%、50%,二阶 x 向、y 向、扭转频率损失至最初频率的 33%、26%、34%。频率降低很大,说明模型各向破坏都很严重,刚度下降很多。

　　图 9.25 是模型结构各向的振型图,可以看出各阶振型的最大幅值均发生在结构顶层,并且结构一、二层振动幅值也较大,一阶振型性态主要以

弯曲变形为主。

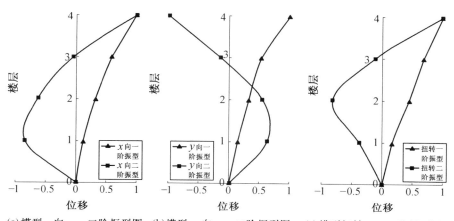

(a)模型 x 向一、二阶振型图　(b)模型 y 向一、二阶振型图　(c)模型扭转一、二阶振型图

图 9.25　模型结构振型图

　　观察原始数据会发现出现不同程度的零点漂移,存在趋势项,并且信号中不但有模型结构本身的振动信号,还夹杂着外界噪声干扰信号。因此需要对原始数据进行处理后再使用,通过 MATLAB 程序对各测点信号消除趋势项,利用模态分析的频率范围进行滤波处理[105],滤掉噪声信号。下面是模型结构滤波后数据的分析结果。

9.4.2　模型结构加速度反应分析

　　试验中加载 x 向地震动时,只考虑 x 向的模型结构加速度反应,不考虑 y 向加速度反应,同理加载 y 向地震动时,只考虑 y 向的模型结构加速度反应,不考虑 x 向构件加速度反应。通过由加速度传感器测得的各工况下的加速度反应时程,经滤波后再处理得到相应的加速度最大值和加速度放大系数,加速度放大系数为模型各层的加速度与台面加速度的比值。表 9.11 所示的是各种工况下台面和各层加速度最大值(MAX)和加速度放大系数(k)。从表中可以看出,同一地震动作用下,最大加速度随层数的增大而增大,放大系数也随层数的增大而增大;不同地震动作用下,最大加速度随地震动峰值的增大而增大,放大系数随地震动峰值的增大而减小。在 y 向 0.62g 地震动和 x 向 0.62g 地震动作用下,一、二层反应的最大加速度小于台面输入加速度最大值,即加速度放大系数基本上都小于1,并且曲线主要呈现弯曲型变化,说明在强震作用下,模型双向振动沿以一阶振型性态为主,并且伴随二阶振型性态的振动,二阶振型较明显。

表 9.11　各工况下台面和各层加速度最大值(MAX)及加速度放大系数(k)

工况		台面		一层		二层		三层		四层	
		x	y	x	y	x	y	x	y	x	y
0.07g	MAX	0.07	0.01	0.10	0.03	0.15	0.05	0.20	0.06	0.26	0.07
x	k	—	—	1.50	2.50	2.25	3.76	2.96	4.77	3.77	5.49
0.07g	MAX	0.06	0.02	0.10	0.03	0.15	0.06	0.20	0.08	0.26	0.09
x	k	—	—	1.59	2.29	2.40	3.79	3.12	5.06	4.10	6.15
0.22g	MAX	0.23	0.06	0.28	0.12	0.36	0.15	0.37	0.18	0.49	0.23
x	k	—	—	1.20	2.04	1.56	2.52	1.63	3.18	2.14	3.98
0.22g	MAX	0.22	0.06	0.29	0.19	0.38	0.20	0.41	0.21	0.58	0.27
x	k	—	—	1.31	3.14	1.68	3.23	1.83	3.39	2.56	4.40
0.62g	MAX	0.17	0.65	0.24	0.55	0.31	0.51	0.30	0.58	0.49	0.88
y	k	—	—	1.40	0.85	1.78	0.79	1.71	0.91	2.84	1.37
0.22g	MAX	0.02	0.17	0.08	0.14	0.11	0.23	0.14	0.30	0.18	0.40
y	k	—	—	3.66	0.84	4.97	1.36	6.48	1.80	8.60	2.36
0.40g	MAX	0.06	0.42	0.20	0.38	0.28	0.37	0.33	0.50	0.43	0.64
y	k	—	—	3.51	0.90	4.93	0.88	5.74	1.18	7.56	1.52
0.40g	MAX	0.30	0.07	0.34	0.35	0.35	0.39	0.50	0.36	0.71	0.57
x	k	—	—	1.13	4.89	1.17	5.46	1.67	4.99	2.38	8.03
0.62g	MAX	0.60	0.12	0.54	0.45	0.53	0.51	0.60	0.46	0.80	0.73
x	k	—	—	0.89	3.84	0.89	4.37	0.99	3.87	1.33	6.21
0.22g	MAX	0.17	0.02	0.21	0.23	0.28	0.28	0.33	0.26	0.45	0.32
x	k	—	—	1.22	11.59	1.65	14.27	1.90	13.42	2.61	16.37
0.62g	MAX	0.52	0.11	0.46	0.48	0.48	0.52	0.60	0.45	0.74	0.62
x	k	—	—	0.87	4.60	0.91	4.91	1.15	4.25	1.41	5.91

　　图 9.26 ～ 9.29 是 x 和 y 向的加速度包络图和加速度放大系数包络

图。从加速度包络图来看,x 向 $0.07g$ 主余震作用后,最大加速度随层数的增加而缓慢增大,近似呈直线分布,主震和余震加速度曲线几乎重叠在一起,说明此时模型处于弹性工作阶段。从放大系数包络图看出,随楼层数增加,加速度放大系数剧烈增大,并且余震对加速度放大系数增长趋势更明显,并且加速度放大系数接近直线变化,说明模型结构抗侧刚度沿竖向分布比较均匀,并且模型 x 向振动以一阶振型为主。

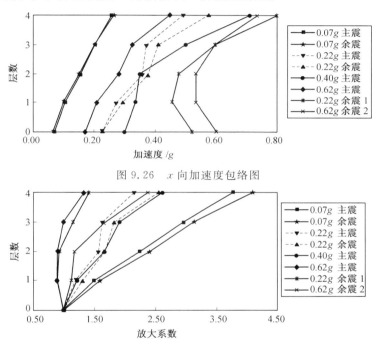

图 9.26 x 向加速度包络图

图 9.27 x 向加速度放大系数包络图

x 向 $0.22g$ 主余震作用后,最大加速度随层数的增加而增大,顶层层间加速度明显较大,模型结构在余震作用后的加速度包络图在主震外边,说明余震作用后各层加速度较主震大,对结构造成一定影响。从放大系数图中可以看出,放大系数随层数增加而增大,振动形式以 x 向平动第一阶振型为主,并且顶层对加速度的放大效果更显著。余震的放大系数包络图在主震的外侧,说明双震型余震对加速度的放大效果比主震更显著。

y 向主余震作用后,明显可以看出模型振动以一阶和二阶叠加后的振

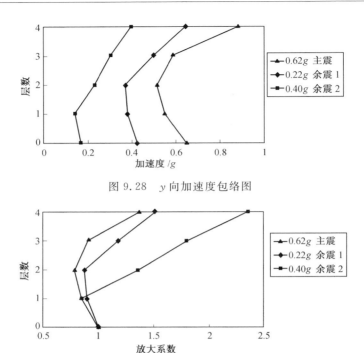

图 9.28 y 向加速度包络图

图 9.29 y 向加速度放大系数包络图

型性态为主。y 向 0.62g 主震作用后,一、二两层的最大加速度整体上比台面小,四层加速度较大,一、二层的放大系数小于 1;y 向 0.22g 余震 1 作用后,发现一层的加速度放大不明显,但二至四层加速度放大剧烈;y 向 0.40g 余震 2 作用后,振型性态也与 0.62g 主震相似,各层放大系数略大于 0.62g 主震作用后的放大系数。

x 向 0.40g 主震作用后,最大加速度和放大系数都显示三、四层最大加速度急剧增大,上部结构反应剧烈,加速度放大效果明显。x 向 0.62g 主震后,一、二层最大加速度比台面略小,从放大系数来看,0.62g 主震的放大系数最小,为振型 x 向一、二两阶振型叠加的结果。加载 0.22g 余震 1 时,放大系数明显较主震作用时大很多,振动性态与工况 6 和工况 8 相似。加载 0.62g 余震 2 时,各层的最大加速度较主震 0.62g 小,各层放大系数略大于 0.62g 主震作用后的放大系数。

上面主要是从加载同一种工况来分析的,接着分析不同工况下的加速

度的变化情况。可以看出随着输入地震动加速度峰值的增大,模型结构的
x 向和 y 向加速度最大值增大,并且加速度最大值的分类较为明显,主要分
为 $0.07g$ 主余震、$0.22g \sim 0.40g$ 主余震、$0.62g$ 主余震 3 类,代表结构处于
弹性、弹塑性、塑性极限状态 3 类,可以看出随着模型破坏状态的加深,各
层加速度最大值曲线逐渐体现出弯曲型形状,例如在加载 $0.07g$ 主余震
时,加速度曲线近似直线分布;加载 $0.62g$ 主余震时,加速度曲线弯曲明
显,说明地震动加速度峰值的增大使得结构的上部加速度反应增大,呈现
出明显的弯曲型;但 $0.40g$ 主余震作用时的加速度反应近似与 $0.22g$ 反应
相近。

随着输入地震动加速度峰值的增大,模型结构的 x 向和 y 向加速度放
大系数呈明显减小趋势,并且分类也很明显。主要分为 $0.07g$ 主余震、
$0.22g \sim 0.40g$ 主余震、$0.62g$ 主余震 3 类,其中加载 $0.07g$ 主余震的加速
度放大系数最大,而加载 $0.62g$ 主余震的加速度放大系数最小。同样可以
看出,加载 $0.07g$ 主余震时,加速度放大系数曲线近似呈直线分布,随着输
入加速度峰值的增大,曲线逐渐呈弯曲型分布,同样验证了"较大的加速度
峰值的地震动使得结构的上部加速度反应增大"。

9.4.3 模型结构位移反应分析

1. 相对位移与层间位移

试验中加载 x 向地震动时,只考虑 x 向的模型结构位移反应,不考虑 y
向反应;同理加载 y 向地震动时,只考虑 y 向的模型结构位移反应,不考虑
x 向构件反应。模型结构的位移可以根据两种方式取得:一是通过拉线式
位移传感器直接测得,二是通过加速度计经过二次积分获得。图 9.30 显
示了模型实测位移和加速度二次积分位移的曲线对比图,可以看出两者结
果基本一致,说明所测数据比较可靠。

利用加速度传感器的加速度结果进行二次积分,得出各层的相对位移
和层间位移见表 9.12、9.13,图 9.31 $\sim$ 9.34 为模型结构 X 和 y 向最大相
对位移包络图和层间位移包络图。

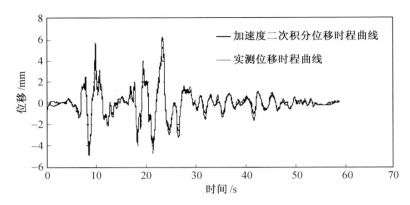

图 9.30　实测位移与加速度二次积分位移对比图

表 9.12　模型结构相对位移　　　　　　　mm

工况	一层	二层	三层	四层
工况 2(0.07g)x 向	0.82	0.95	1.44	1.26
工况 4(0.07g)x 向	0.67	0.98	1.47	1.23
工况 6(0.22g)x 向	1.30	1.98	2.65	3.87
工况 8(0.22g)x 向	1.44	2.30	2.98	4.22
工况 10(0.62g)y 向	4.72	10.90	12.41	18.07
工况 12(0.18g)y 向	3.37	4.17	5.72	10.23
工况 14(0.4g)y 向	7.13	9.45	11.78	13.99
工况 16(0.41g)x 向	3.66	8.04	11.81	16.40
工况 18(0.62g)x 向	5.68	9.81	14.11	19.33
工况 20(0.19g)x 向	2.31	3.98	4.76	7.16
工况 22(0.6g)x 向	5.42	8.72	12.30	16.74

表 9.13　模型结构层间位移　　　　　　　mm

工况	一层	二层	三层	四层
工况 2(0.07g)x 向	0.82	0.46	0.91	1.04
工况 4(0.07g)x 向	0.67	0.52	0.88	1.43
工况 6(0.22g)x 向	1.30	0.76	1.12	1.71
工况 8(0.22g)x 向	1.44	1.05	1.38	1.75

续表 9.13

工况	一层	二层	三层	四层
工况 $10(0.62g)y$ 向	4.72	6.53	6.46	5.65
工况 $12(0.18g)y$ 向	3.37	1.93	2.78	7.80
工况 $14(0.4g)y$ 向	7.13	4.90	4.37	7.51
工况 $16(0.41g)x$ 向	3.66	4.41	3.91	4.64
工况 $18(0.62g)x$ 向	5.68	4.35	4.39	5.22
工况 $20(0.19g)x$ 向	2.31	1.70	1.64	2.45
工况 $22(0.6g)x$ 向	5.42	3.73	3.70	4.57

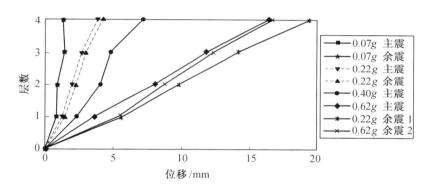

图 9.31 x 向相对位移图

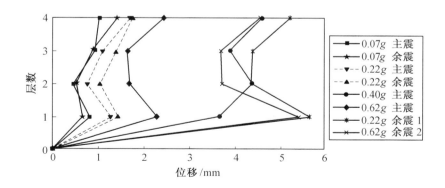

图 9.32 x 向层间位移图

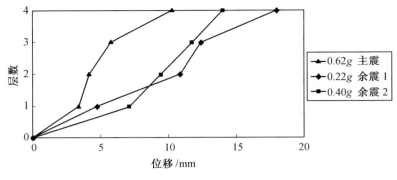

图 9.33 y 向相对位移图

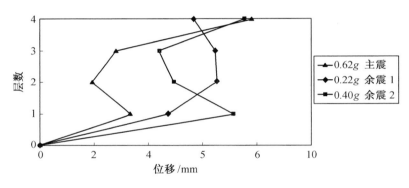

图 9.34 y 向层间位移图

从表 9.12 和表 9.13 中看出同一地震动作用下,相对位移随着层数的增加逐渐增大,其中底层的相对位移增长明显,上部几层的相对位移增长相对缓慢。分别对比两向的位移值,y 向相对位移和 x 向相对位移与层间位移最大值接近,与两向的刚度相近刚好符合。x 向和 y 向的层间位移是底层的最大,随着层数的增加二、三层的层间位移逐层减小,但模型四层的层间位移较二、三层有少量增大。这是因为模型设计时,虽然各层的平面布置相同,为了避免上部结构层刚度过大,各层的灌孔率和配筋率不同,随着层数的增加灌孔率和配筋率逐渐减小,模型四层的灌孔率基本为零,配筋率也是最小的,导致四层的质量和刚度较其他几层低很多,使得模型四层发生类似鞭梢效应的反应,造成模型四层振动幅度大,产生较大的速度、位移。不同地震动作用下,随着地震作用的加速度峰值的增大,模型的相对位移增大,层间位移也增大,说明输入地震加速度峰值的增大造成模型结构的位移反应也增大。同时也可以看出在相同加速度峰值的主余震作用后,双震型余震比主震造成结构各层的相对位移增大,说明余震继主震作用后进一步加深了模型结构的位移反应,造成模型进一步破坏。

从模型相对位移曲线图中看出,模型 x 向和 y 向的振动性态主要以平动一阶为主,近似直线变化,并且变形呈现出弯曲变形。从模型的 x 向和 y 向层间位移图中也可以看出,一层的层间位移最大,二、三层的层间位移较小,四层的层间位移在两个方向比二、三层都有所增大。说明一层的破坏最为严重,为薄弱层,正与试验现象一层的裂缝发展最相吻合。对比两向位移反应看出,模型 x 向加载大震(加速度峰值不小于 $0.40g$)时,其相对位移和层间位移比加载小震增大很多。模型 y 向加载不同加速度峰值地震动时,模型各层的相对位移和层间位移反应相对均匀。各个峰值加速度作用下的模型反应分析如下:

① 在 x 向 $0.07g$ 主震作用时,各层的层间位移和相对位移都很小,可以看出底层和顶层的层间位移较大,相对位移曲线沿楼层近似直线分布,说明各层刚度变化均匀,逐层减小;x 向 $0.07g$ 余震作用后,曲线分布形状与主震相似,但各层层间位移略大于主震层间位移。

②x 向 $0.22g$ 主震作用后,相比 $0.07g$ 主震作用后,各层的相对位移均有明显增大,仍可以看出一层、四层的层间位移较大。x 向 $0.22g$ 余震作用后与主震相比,余震造成模型结构各层的相对位移和层间位移都比主震时大,并且 $0.22g$ 余震使得位移增加的幅值比 $0.07g$ 余震造成的位移增大得多,说明随着余震的峰值加速度增大,对结构的位移反应增大更加明显。

③y 向 $0.62g$ 主震作用后,各层的位移反应明显增大,顶层的相对位移最大值达到 18 mm。位移变形曲线呈弯曲型。y 向 $0.22g$ 余震作用后,顶层层间位移最大,其次为一层;y 向 $0.40g$ 余震作用后,一层位移比 $0.62g$ 主震作用后一层位移大,其他几层较小,说明一层结构在主震作用后开裂严重,$0.40g$ 余震加重了一层结构的损伤,造成结构一层位移增大。

④x 向 $0.40g$ 主震作用后,明显可以看出模型的各层相对位移和层间位移比其 $0.07g$ 和 $0.22g$ 主震后的位移增大很多,结构进入弹塑性状态

后,位移迅速增大。x 向 $0.62g$ 主震作用后,层间位移剧烈增大,最大相对位移达到 19.33 mm,层间位移也达到最大值 5.68 mm。x 向 $0.22g$ 余震作用后,各层的相对位移较主震作用时小很多,但可以看出,模型作用 $0.22g$ 余震时,处于塑性状态,并且破坏严重,相比模型在加载 $0.22g$ 主余震后,处于弹性－弹塑性状态,模型表明未见明显裂缝,这两种情况对比后发现,加载相同加速度峰值的地震动时,模型开裂后处于塑性状态的各层相对位移和层间位移均比模型未发生严重开裂时的增大很多。说明在相同峰值地震动作用下,模型的损伤状态会增大模型的位移反应。x 向 $0.62g$ 余震作用后,各层的位移比 $0.62g$ 主震略小,因实际加载的余震加速度峰值 $0.54g$,比主震小 $0.08g$,所以位移反应较小。明显可以看出余震对结构层间位移具有放大作用。同时可以看出当作用的地震动加速度峰值较小时,例如 $0.07g$ 和 $0.22g$,模型结构三、四层层间位移相比一层大,当作用的地震动加速度峰值较大,例如 $0.40g$ 和 $0.62g$ 时,一层的层间位移开始迅速增大,并且大于三层和四层的层间位移。

总之,可以看出在同一加速度峰值的地震动作用下,模型结构各层的相对位移随着层数的增加而增大,而层间位移是一层和四层的较大。在不同加速度峰值的地震动作用下,模型结构相对位移随着加速度峰值的增大而快速增大,并且明显分为 $0.07g$ 主余震、$0.22g$ 主余震、$0.40g \sim 0.62g$ 主余震 3 类,其中 $0.40g$ 主余震的位移反应近似接近于 $0.60g$ 的位移反应。同时对比在罕遇地震的 $0.22g$ 余震和基本地震的 $0.22g$ 余震可以发现,相同加速度峰值的余震作用下,前者的位移反应明显大于后者,说明结构的破坏状态是造成位移反应加大的原因之一。

2. 位移角

由于本次试验为配筋混凝土砌块砌体结构,规范没有规定该类型结构的位移角限值,参考《建筑抗震设计规范》(GB 50011—2010) 中 5.5.1 对钢筋混凝土抗震墙的弹性层间位移角为限值的 1/1 000。

表 9.14 给出了各种工况下的层间位移角,从表中可以看出:

① 模型结构在 x 向 $0.07g$ 主余震作用后,x 向一、二层的位移角都小于 1/1 000,三、四层的位移超出 1/1 000,结构刚度退化,内部产生微裂缝。

说明结构扭转反应明显,不满足规范规定的限值。

② 作用 x 向 $0.22g$ 主余震后,模型 x 向各层的位移角基本上都超出规范规定的 $1/1\,000$,说明结构已经开始开裂。

③ 作用 y 向 $0.62g$、$0.18g$、$0.40g$ 主余震后,模型的位移角迅速增大,最大时达到 $1/109.92$,说明结构在该阶段,裂缝大量开展,结构从弹塑性状态进入塑性状态。

④ 作用 x 向 $0.41g$、$0.62g$、$0.22g$、$0.60g$ 主余震后,模型 x 向的位移角也剧烈增大,说明模型 x 向墙体有大量裂缝产生,并且逐渐延伸、扩展、贯通,位移角最大时达到 $1/152.21$,说明结构处于极限状态,严重破坏。一层的位移角相对其他各层较大,说明一层破坏最为严重,与试验现象刚好吻合。

表 9.14   各工况下各层层间最大位移角($1/\theta$)

工况	一层	二层	三层	四层
工况 2($0.07g$)x 向	1 006.10	1 802.91	905.67	794.47
工况 4($0.07g$)x 向	1 231.34	1 596.79	940.76	576.63
工况 6($0.22g$)x 向	634.62	1 090.98	739.76	483.58
工况 8($0.22g$)x 向	572.92	783.82	596.02	470.76
工况 10($0.62g$)y 向	174.79	126.44	127.73	145.89
工况 12($0.18g$)y 向	244.81	428.51	296.33	105.70
工况 14($0.40g$)y 向	115.71	168.28	188.88	109.92
工况 16($0.41g$)x 向	225.41	187.04	210.98	177.86
工况 18($0.62g$)x 向	145.25	189.86	187.84	158.09
工况 20($0.19g$)x 向	357.14	486.19	503.23	337.19
工况 22($0.60g$)x 向	152.21	221.32	222.94	180.51

总之,可以看出在同一加速度峰值的地震动作用下,模型结构各层的相对位移随着层数的增加而增大,而层间位移是一层和四层的较大。在不同加速度峰值的地震动作用下,模型结构相对位移随着加速度峰值的增大而快速增大,并且明显分为 $0.07g$ 主余震、$0.22g$ 主余震、$0.40g \sim 0.62g$ 主余震 3 类,其中 $0.40g$ 主余震的位移反应近似接近于 $0.60g$ 的位移反

应。同时对比在罕遇地震 $0.22g$ 余震和基本地震 $0.22g$ 余震后发现,在相同加速度峰值 $0.22g$ 余震作用下,前者的位移反应明显大于后者,说明结构的破坏状态是造成位移反应加大的原因之一。

9.4.4　应变反应

1. 钢筋应变

表 9.15 列出了配筋砌体墙片的钢筋应变值,可以看出随着地震动的峰值加速度不断升高,竖向钢筋的应变值不断增大。与水平钢筋的应变值相比,竖向钢筋的应变较大,说明墙体抗弯作用明显,竖向钢筋受拉产生的变形较大。x 向 D 轴的竖向钢筋比 x 向 A 轴的竖向钢筋的应变值大很多,在工况 16 作用后达到最值 1 112.35。y 向 2 轴的竖向钢筋比 y 向 4 轴的竖向钢筋的应变值大,在工况 10 作用后达到最值 1 346.01。

表 9.15　配筋砌体墙片的钢筋应变值

工况	xD 水平	xD 竖向	xA 竖向	y2 竖向	y2 水平	y4 竖向	xA 窗水平	xA 窗竖向
2	9.57	162.55	79.12	143.37	11.23	122.37	7.84	36.39
4	12.45	166.06	79.38	144.21	8.77	120.10	8.04	37.01
6	104.09	436.15	279.94	540.99	63.90	316.32	22.51	65.46
8	110.78	477.43	309.40	521.38	86.84	379.92	115.80	57.74
10	200.00	1363.76	1089.59	1346.01	327.95	1160.21	161.26	130.59
12	100.77	248.42	240.11	765.49	908.42	380.15	98.89	88.29
14	169.47	486.52	576.14	955.85	247.86	734.16	92.22	146.79
16	154.02	1 112.35	744.45	685.61	161.83	867.58	163.76	749.96
18	182.78	893.38	350.69	750.82	242.43	667.70	196.66	1 800.28
20	88.55	363.85	195.50	155.30	44.48	0.00	53.98	0.00
22	184.52	783.29	275.71	496.12	240.13	128.79	154.40	0.00

图 9.35 是一层 x 向和 y 向墙片的竖向钢筋的应变曲线图。从图中可以看出,布置主、次抗侧力墙片的竖向钢筋上的应变片变化趋势大致相似,并且中、小震作用,结构处于弹性－弹塑性时,各钢筋测点的应变变化趋势较为平稳,趋势一致,但加载大震,结构处于弹塑性－塑性阶段,各测点的

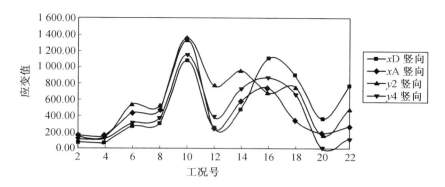

图 9.35　一层 x 向和 y 向墙片的竖向钢筋的应变曲线图

应变曲线变化波动较大。明显可以看出有两个波峰的突变处,分别出现在加载工况 10(y 向 0.62g)和加载工况 16(x 向 0.40g)处,说明大震作用后应变急剧增长。从曲线中还能看出,x 向一层 D 轴墙片较 A 轴面积大、刚度大,受弯承载力强,同理 y 向一层 2 轴墙片较 4 轴面积大、刚度大,受弯承载力强。

　　由于次抗侧力构件 A 轴和 4 轴的水平钢筋直径太细,不易粘贴应变片,因此,只测得 x 向 D 轴和 y 向 2 轴主抗侧力构件的水平钢筋应变。从表 9.15 中可以看出水平分布钢筋的应变值也随着加载地震动峰值的增加而增大,对比各地震作用后的水平钢筋的应变值,发现应变结果离散性较大,曲线趋势不显著。

　　试验中还在 A 轴窗角的水平和竖向的钢筋上粘贴应变片,同样可以看出随地震动加速度峰值的增大,两测点的钢筋应变值增大,并且地震动峰值越大,应变增大越明显。发现在加载工况 18(x 向 0.62g)时,应变值达到 1 800,随后加载工况 20(x 向 0.22g)后,应变值变为 0,说明在工况 18 作用时,竖向钢筋已经达到极限状态,钢筋变形急剧增大,已达到极限强度值。加载工况 20 后,钢筋的应变为 0,说明加载强度超过钢筋的极限强度值,该竖向钢筋与混凝土松脱或被拉断。

2. 混凝土应变

　　表 9.16 是在一层墙片 D 轴和 2 轴上粘贴应变片得到的混凝土的应变值,大致可以看出混凝土应变值也随着地震动峰值的增大而增大,并且加

速度峰值越大,应变增大越显著。工况 14 中 D 轴左上和 2 轴右下,个别应变为 0,说明该应变片粘贴处有裂缝产生,造成混凝土应变片损坏。

表 9.16　一层墙片 D 轴和 2 轴上混凝土的应变值

工况	D 轴左上	D 轴左下	D 轴右上	D 轴右下
工况 2(x 向 0.07g)	96.49	12.38	21.70	7.08
工况 4(x 向 0.07g)	98.56	12.57	22.22	7.61
工况 6(x 向 0.22g)	302.53	18.70	32.07	135.78
工况 8(x 向 0.22g)	317.38	15.36	35.64	146.12
工况 16(x 向 0.40g)	767.81	34.68	133.89	285.12
工况 18(x 向 0.62g)	1 810.22	45.30	152.90	319.61
工况 20(x 向 0.22g)	0.00	24.38	70.71	164.95
工况 22(x 向 0.62g)	0.00	33.56	159.40	313.95
工况	2 轴左下	2 轴左上	2 轴右上	2 轴右下
工况 10(y 向 0.62g)	630.63	286.09	1 125.26	2 072.95
工况 12(y 向 0.22g)	214.59	110.91	539.60	533.32
工况 14(y 向 0.40g)	358.89	119.47	0.00	0.00

9.4.5　模型的扭转反应结果与分析

1. 周期比

《建筑抗震设计规范》(GB 50011—2010) 中表 3.4.3－1 规定:结构平面凹进的尺寸大于相应投影方向总尺寸的 30% 则为凹凸不规则结构。模型结构平面凹进的尺寸最大处约为相应投影方向总尺寸的 46%,因此,该模型结构为凹凸不规则结构。

《高层建筑混凝土结构技术规程》(JGJ 3—2010)[103] 中 3.4.5 条规定:结构以扭转为主的第一自振周期 T_t 与以平动为主的第一自振周期 T_1 之比,B 级高层建筑、混合结构高层建筑不应大于 0.85。表 9.17 列出了各次地震烈度下模型结构以扭转为主的第一自振周期 T_t 与以平动为主的第一自振周期 T_1 之比。由此可以看出模型结构在各加速度峰值的地震动作用下,其 T_t/T_1 都小于 0.85,满足规范规定周期限值的要求。

表 9.17　以转为主的第一自振周期 T_t 与以平动为主的第一自振周期 T_1 的比值

工况	平动为主 第一自振周期 T_1/s	扭转为主 第一自振周期 T_t/s	T_t/T_1
x 向 0.07g 主震	0.17	0.07	0.40
x 向 0.07g 余震	0.18	0.07	0.41
x 向 0.22g 主震	0.18	0.08	0.42
x 向 0.22g 余震	0.20	0.08	0.41
y 向 0.62g 主震	0.29	0.10	0.35
y 向 0.22g 余震 1	0.29	0.11	0.38
y 向 0.40g 余震 2	0.29	0.11	0.39
x 向 0.40g 主震	0.28	0.13	0.46
x 向 0.62g 主震	0.28	0.13	0.46
x 向 0.22g 余震 1	0.29	0.13	0.44
x 向 0.62g 余震 2	0.30	0.14	0.46

2. 位移比

《建筑抗震设计规范》(GB 50011—2010)中表 3.4.3−1 规定:在规定的水平力作用下,楼层的最大弹性水平位移(或层间位移),大于该楼层两端弹性水平位移(或层间位移)平均值的 1.2 倍为扭转不规则。

《高层建筑混凝土结构技术规程》(JGJ 3—2010)[103] 中 3.4.5 规定:在考虑偶然偏心影响的地震作用下,楼层竖向构件的最大位移和层间位移,B 级高度高层建筑、混合结构高层建筑不宜大于该楼层平均值的 1.2 倍,不应大于该楼层平均值的 1.4 倍。

表 9.18 列出了各工况下模型结构各层两端位移最大值与平均值之比,从表中可以看出,在多遇烈度地震动(0.07g)作用下,模型结构一层和二层的弹性位移比小于 1.2,满足规范要求,但模型四层 x 向两端的弹性位移比在主余震作用后分别为 1.27 和 1.31,均在规范规定 1.2 与 1.4 之间,说明模型结构为平面扭转不规则结构,但未超过规范的 1.4 限制,满足规范要求。加载 0.22g、0.40g、0.62g 主余震可以看出各楼层两端位移最大值与平均值比值基本均大于 1.2,有的甚至大于 1.4,说明大震造成的扭

转反应加剧。整体上来看,随着地震加速度峰值的增大,模型的位移比增大,对比 x 向和 y 向的位移比,发现两向加载相同峰值的地震动时,x 向的位移比较 y 向的大,说明 x 向的扭转反应较为严重,并且刚好与 x 向的偏心率大于 y 向吻合,说明偏心率的大小是造成扭转反应增大的原因之一。再对比模型处于弹性—弹塑性状态时加载 $0.22g$ 主余震,和处于塑性极限状态时加载 $0.22g$ 余震的位移比,发现各层的位移比都增大很多,说明模型开裂后,处于极限状态时,扭转反应会加重。总之,结构平移振动的同时,扭转反应明显,尤其是在大震作用时和模型严重开裂破坏后,扭转反应更加严重,可能会导致结构倒塌。

表 9.18　各工况下各层最大位移与平均值

工况	位移	一层	二层	三层	四层
x 向 $0.07g$ 主震	最大值 /mm	0.63	0.88	—	1.68
	平均值 /mm	0.54	0.86	—	1.33
	比值	1.16	1.02		1.27
x 向 $0.07g$ 余震	最大值 /mm	0.76	1.00	—	1.78
	平均值 /mm	0.68	0.89	—	1.36
	比值	1.13	1.12		1.31
x 向 $0.22g$ 主震	最大值 /mm	1.39	2.11	—	3.80
	平均值 /mm	1.01	1.95	—	3.41
	比值	1.37	1.08		1.12
x 向 $0.22g$ 余震	最大值 /mm	1.46	2.38	—	4.17
	平均值 /mm	1.23	2.04	—	3.55
	比值	1.19	1.17		1.17
y 向 $0.62g$ 主震	最大值 /mm	4.72	10.90	12.41	18.07
	平均值 /mm	4.22	8.00	9.49	12.98
	比值	1.12	1.36	1.31	1.39

续表 9.18

工况	位移	一层	二层	三层	四层
y 向 0.22g 余震 1	最大值 /mm	3.37	4.17	5.72	10.23
	平均值 /mm	2.84	3.71	4.14	8.51
	比值	1.19	1.12	1.38	1.20
y 向 0.40g 余震 2	最大值 /mm	7.88	9.45	11.78	13.99
	平均值 /mm	6.20	7.95	9.83	10.63
	比值	1.27	1.19	1.20	1.32
x 向 0.40g 主震	最大值 /mm	3.87	9.37	—	19.09
	平均值 /mm	2.89	6.56	—	13.26
	比值	1.34	1.43	—	1.44
x 向 0.62g 主震	最大值 /mm	9.92	9.97	—	18.38
	平均值 /mm	7.45	7.59	—	13.76
	比值	1.33	1.31	—	1.34
x 向 0.22g 余震 1	最大值 /mm	3.39	3.87	—	7.02
	平均值 /mm	2.04	2.70	—	4.79
	比值	1.66	1.43	—	1.47
x 向 0.62g 余震 2	最大值 /mm	9.61	8.64	—	14.51
	平均值 /mm	5.52	5.93	—	10.66
	比值	1.74	1.46	—	1.36

注：表中三层 x 向仪器测试的数据有误，从数据中剔除

3. 扭转角

表 9.19 为各工况下每层的扭转角，反映各阶段模型结构的扭转情况，可以看出模型一层和四层的扭转角相对较大，随着地震动峰值加速度的增大，各层扭转角也增大。y 向的扭转角比 x 向略小，y 向扭转角最大时为 50.21×10^{-4} rad，x 向扭转角最大时为 67.92×10^{-4} rad。

表 9.19 各工况下每层的扭转角 10^{-4} rad

工况	一层	二层	三层	四层
x 向 0.07g 主震	4.09	2.58	—	5.38
x 向 0.07g 余震	3.29	1.86	—	4.90
x 向 0.22g 主震	5.97	3.79	—	14.11
x 向 0.22g 余震	5.29	4.49	—	15.19
y 向 0.62g 主震	15.76	30.24	34.43	50.21
y 向 0.22g 余震 1	7.73	13.01	20.14	20.33
y 向 0.40g 余震 2	47.47	36.95	30.47	40.73
x 向 0.40g 主震	15.51	32.55	—	67.92
x 向 0.62g 主震	31.82	31.37	—	60.75
x 向 0.22g 余震 1	16.82	16.58	—	25.90
x 向 0.62g 余震 2	48.33	34.97	—	53.26

注:表中三层 x 向仪器测试的数据有误,从数据中剔除

9.4.6 结构多道抗震设防结果与分析

考虑多道抗震设防结构试验结果以 x 向的抗侧力构件为例进行说明。主、次抗侧力构件灌孔率基本相同,只是在水平配筋上有所差异。当模型结构未发生开裂,处于弹性状态时,因抗侧力构件的抗剪能力主要是由砌块、砂浆和灌孔混凝土承担,构件截面面积、刚度较大,所分担的剪力也相对较大,变形较大;但是模型结构一旦发生开裂,进入弹塑性或塑性状态时,主要剪力则由钢筋和混凝土共同承担,随着钢筋变形的增大,构件变形也随之逐渐增大,且增长幅度较开裂时更大。

图 9.36 和图 9.37 是在各级地震动作用后一层 x 向的两个墙片的裂缝图,裂缝主要是在 8 度罕遇烈度地震动作用后产生的,其中 A 轴墙片是 x 向次抗侧力构件,截面尺寸为 48 mm×650 mm,D 轴墙片是 x 向主抗侧力构件,截面尺寸为 48 mm×950 mm,两个构件的灌孔率都为 33%,水平配筋不同,具体情况见表 9.20。从图中可以明显看出 A 轴裂缝较 D 轴多并且长,构件底部和中上部有长而宽的水平贯通缝,构件表面有大块混凝土表

层剥落,说明 A 轴构件破坏严重,达到极限状态。相比之下,D 轴构件裂缝较少,只是出现小而短的斜裂缝,底部未出现水平贯通缝,破坏程度较轻。说明 A 轴等次抗侧力构件在大震作用过程中,较 D 轴主要抗侧力构件先发生开裂,且裂缝较多,变形较大,耗散较多的地震能量,为主要耗能构件,保护了 D 轴等主抗侧力构件。

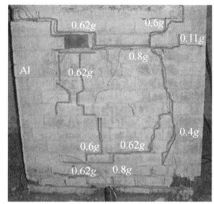 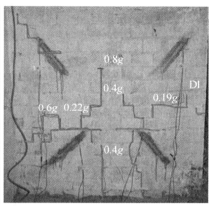

图 9.36　一层 A 轴构件裂缝图　　　　图 9.37　一层 D 轴构件裂缝图

表 9.20　主、次抗侧力构件位移最大值　　　　　　　　　　　mm

工况	一层 D 轴(主)	一层 A 轴(次)	三层 D 轴(主)	三层 A 轴(次)
x 向 0.07g 主震	0.25	0.45	0.31	0.29
x 向 0.07g 余震	0.27	0.46	0.33	0.23
x 向 0.22g 主震	0.91	2.74	0.67	0.65
x 向 0.22g 余震	1.10	3.20	0.74	0.81
x 向 0.40g 主震	3.73	10.41	1.51	2.58
x 向 0.62g 主震	4.13	16.90	2.14	4.39
x 向 0.22g 余震 1	1.22	7.42	1.05	1.88
x 向 0.62g 余震 2	3.58	16.45	2.01	4.33
工况	一层 2 轴(主)	一层 4 轴(次)	三层 2 轴(主)	三层 4 轴(次)
y 向 0.62g 主震	5.77	14.51	2.64	7.75
y 向 0.22g 余震 1	2.87	12.10	1.42	2.86
y 向 0.40g 余震 2	4.49	12.19	2.71	5.33

表 9.20 列出了各级地震动作用后各主、次抗侧力墙片的位移最大值。可以看出,在 8 度多遇和基本烈度的地震动作用下,主抗侧力构件相对次抗侧力构件变形位移较大,说明整体结构基本未发生开裂或开裂较少,近似处于弹性状态或弹塑性状态,剪力主要由混凝土砌块承载。所以截面面积大、刚度大的构件,分配的剪力大,位移反应大;但加载罕遇地震时,混凝土因受拉能力弱,发生开裂,剪力主要由水平钢筋承担,明显可以看出次抗侧力构件较主抗侧力构件的位移增大很多,说明次抗侧力构件发生严重开裂,钢筋承受剪力作用,发生较大变形,吸收较多能量,致使墙片位移剧烈增大。

9.4.7　结果分析

本章对振动台试验的数据结果进行处理,根据相应的结果进行论述,分析其变化的特征,主要内容有如下几个方面:

(1)通过自编 MATLAB 程序对各层加速度结果进行模态分析,获得模型在各工况下的模型结构的自振频率、阻尼比、振型。可以看出随着输入地震动加速度峰值的增大,模型结构的自振频率不断降低,阻尼比不断增大,并且输入峰值越大,两者变化幅度越明显。

(2)根据结构的自振频率,用 MATLAB 程序对数据结果进行滤波和消除趋势项处理,滤掉噪声信号,获得可以进一步分析的光滑、干净的信号结果。

(3)整理得到模型结构各层的最大加速度和加速度放大系数,得出如下结论:

① 在同一加速度峰值的地震波作用下,随着层数的增加,模型结构的各层的加速度逐渐增大。各层的加速度放大系数也随层数增加而增大。

② 在不同加速度峰值的地震波作用下,随着输入地震动加速度峰值的增大,模型结构的加速度最大值增大,但加速度放大系数是随着地震动峰值的增大而逐渐减小的。

③ 当输入的地震动加速度幅值较小时(0.07g),结构的各层加速度反应和加速度放大系数近似直线变化;逐渐增大输入地震动加速度幅值时

$(0.62g)$,明显可以看出各层加速度和放大系数呈弯曲形变化。

④ 对比 $0.62g$ 主震后 $0.22g$ 余震和 $0.22g$ 主震后 $0.22g$ 余震的结果,发现虽然加载相同加速度峰值的地震动,但是结构在 $0.62g$ 主震后 $0.22g$ 余震比基本地震后 $0.22g$ 余震各层加速度略小,加速度放大系数略大。说明当结构进入弹—塑性或塑性阶段后,作用相同地震波,结构反应的加速度最大值会减小,放大系数会增大。

(4) 获得模型结构各层的相对位移和层间位移,得到如下结论:

① 在同一加速度峰值的地震动作用下,模型结构的相对位移随着层数的增加而增大;一层的层间位移最大,随着层数增加,二、三层的层间位移减小,四层因其层间刚度过小,导致层间位移略大。

② 在不同加速度峰值的地震动作用下,模型结构的相对位移随着地震动加速度峰值的增大而增大,层间位移也增大。

③ 当输入的地震动加速度幅值较小时$(0.07g)$,结构的各层相对位移近似直线变化;逐渐增大输入地震动加速度幅值时$(0.62g)$,明显可以看出各层相对位移略呈弯曲形变化。

④ 对比罕遇地震的 $0.22g$ 余震和基本地震的 $0.22g$ 余震,发现相同加速度峰值的余震作用下,前者的位移反应明显大于后者,说明结构的破坏状态是造成位移反应加大的原因之一。

⑤ 模型结构的弹性位移角不满足规范规定的限值 $1/1\,000$,因不是每个结构都会通过振动台试验进行验证,所以建议设计时应考虑此问题。

(5) 模型结构的钢筋和混凝土应变都随着地震动峰值的增大而增大。

(6) 模型结构的扭转反应的研究包括以下几个方面:

① 周期比。各次地震烈度下模型结构以扭转为主的第一自振周期 T_t 与以平动为主的第一自振周期 T_1 之比均小于 0.85,满足规范要求。

② 位移比。四层最大弹性水平位移大于该楼层两端弹性水平位移平均值 1.2,说明模型结构是扭转不规则结构,从结果中可以看出在罕遇地震作用下,位移比有的大于 1.4,结构的扭转反应增大,扭转破坏严重。

③ 扭转角。随着地震动峰值加速度的增大,各层扭转角也增大。

(7) 结构多道抗震设防结果与分析。在 8 度多遇和基本烈度的地震动作用下,整体结构基本未发生开裂或开裂较少,地震作用主要由混凝土砌块承载,所以主抗侧力构件因其截面面积大、刚度大,分配的剪力大,相对次抗侧力构件变形位移较大;但加载罕遇地震时,混凝土发生开裂,剪力主要由水平钢筋承担,次抗侧力构件发生严重开裂,钢筋承受剪力作用,发生较大变形,吸收较多能量,致使位移剧烈增大。总体而言,多道设防的设计思想是可以通过适当的设计措施在结构中实现的。

参 考 文 献

［1］钱义良.高层配筋砌块砌体房屋设计［C］. 97 全国砌块建筑设计施工
　　　技术研讨会论文集,1997(4):2-7.

［2］唐岱新.砌体结构［M］. 3 版. 北京:高等教育出版社,2003:1-10.

［3］施楚贤.砌体结构理论与设计［M］. 2 版. 北京:中国建筑工业出版社,
　　　2003:1-15.

［4］王凤来,费洪涛.配筋砌块短肢砌体剪力墙抗震性能的试验研究［J］.
　　　建筑结构学报,2009,30(3):71-78.

［5］冯延明.巴基斯坦砖砌体的力学性能试验及数值模拟［D］. 北京:中国
　　　地震局工程力学研究所,2007.

［6］李小生.碳纤维布加固砖砌体抗震性能试验研究［D］. 重庆:重庆大
　　　学,2004.

［7］施楚贤,谢小军.混凝土小型空心砌块砌体受力性能［J］. 建筑结构,
　　　1999,3:10-12＋43.

［8］王威,周颖,梁兴文,等.砌体结构在 2008 汶川大地震中的震害经
　　　验［J］.地震工程与工程振动,2010,30(1):60-68.

［9］张丙全,翟希梅.配筋砌块砌体柱偏压承载力的影响因素分析［J］.工业
　　　建筑,2008,38(s1):209-212.

［10］何明春,程才渊.带混凝土边缘构件的配筋砌体剪力墙抗弯性能的有
　　　限元分析［J］.佳木斯大学学报:自然科学版,2010,28(5):684-689.

［11］王墨耕,王晓彦,王汉东.配筋砌块砌体剪力墙位移延性的设计和计
　　　算［J］. 建筑砌块与砌块建筑,2009,1:10-13.

［12］刘桂秋,高文双.混凝土砌块砌体墙受剪性能的有限元模拟［J］.湖南
　　　大学学报:自然科学版,2013,40(2):21-25.

［13］马建勋,祁星星,张明.基于 ANSYS 的框架 — 配筋砌块砌体混合结

构分析[J]. 山西建筑,2012,28(3）: 32-34.

[14] 孙庆洁. 配筋砌体与高层框架结构共同作用的抗震性能研究[D]. 成都：西南交通大学,2009.

[15] 周平. 配筋砌块砌体剪力墙结构弹塑性地震反应分析[D]. 哈尔滨：哈尔滨工业大学,2001.

[16] 许奎山,程才渊.基于 MIDAS/Gen 的配筋砌体剪力墙结构静力弹塑性分析[J]. 建筑砌块与砌块建筑,2009,1:17-20.

[17] 杨伟军,施楚贤,李佳升,等. 灌芯配筋混凝土砌块砌体开洞剪力墙试验研究[J]. 长沙交通学院学报,2002,18(3):49-54.

[18] 缪升. 配筋混凝土空心小砌块墙体抗剪试验拟合研究[J]. 工程抗震与加固改造,2005,27:168-172.

[19] 许祥训. 配筋砌块短肢砌体剪力墙抗剪性能试验研究[D]. 哈尔滨：哈尔滨工业大学,2006.

[20] 国艳锋. 带洞口配筋混凝土砌块墙梁的受力性能试验研究[D]. 哈尔滨：哈尔滨工业大学,2007.

[21] 蔡勇,施楚贤,易思甜.配筋混凝土砌块砌体剪力墙位移延性设计方法[J]. 湖南大学学报:自然科学版,2005,32(3):52-55.

[22] 蔡勇,施楚贤.配筋砌块砌体剪力墙 1/4 比例模型房屋抗震性能试验研究[J]. 土木工程学报,2007,40(9):175-184.

[23] 王凤来,陈再现.底层框支配筋砌块砌体短肢剪力墙结构抗震性能试验[J]. 建筑砌块与砌块建筑,2008,5:5-9.

[24] SHING P B,SCHULLER M,HOSKERE V S,et al. Flexural and shear response of reinforced masonry shear walls[J]. ACI Journal, 1990,87(6):646-656.

[25] TIANYI YI,FRANKLIN L,ROBERTO T. Lateral load tests on a two-story unreinforced masonry building[J]. Journal of Structural engineering,2006,132(5):643-652.

[26] DAOU Y A. Compressive strength of autoclaved aerated concrete blockwork[J]. Journal of Applied Sciences,2001,1 (3):385-390.

[27] MILLER S C,EI-DAKHAKHNI W,DRYSDALE R G. Experimental evaluation of the shear capacity of reinforced masonry shear walls[C]. Banff,Alberta,Canada: 10 th Canadian Masonry Symposium, on CD-ROM,2005.

[28] MAJID MALEKI,EL-DAMATTY A A,HAMID A A,et al. Finite element analysis of reinforced masonry shear walls using smeared crack model[C]. In:10th Canadian Masonry Symposium. Banff, Alberta. 2005,on CD-ROM.

[29] SARHAT S R,SHERWOOD E G. The prediction of compressive strength of ungrouted hollow concrete block masonry[J]. Construction and Building Materials,2014,58:111-121.

[30] LIU Lipeng,WANG Zonglin. Experimental research on biaxial compressive strength of grouted concrete block masonry[J]. Advances in Structural Engineering ,2009,12(4): 451-461.

[31] GOEL R K,CHOPRA A K. Inelastic seismic response of one-story asymmetric-plan systems: effects of stiffness and strength distribution[J]. Earthquake Engineering and Structural Dynamics, 1990,19(2):949-970.

[32] DUAN X N,CHANDLER A M. An optimized procedure for seismic design of torsional unbalanced structures[J]. Earthquake Engineering and Structural Dynamics,1997,26(3): 737-757.

[33] GOEL R K. Seismic response of asymmetric systems: energy-based approach[J]. Journal of Structural Engineering, 1997,123(11): 1444-1453.

[34] TSO W K,DEMPSEY K M . Seismic torsional provisions for dynamic eccentricity[J]. Earthquake Engineering and Structural Dynamics,1980,8(3): 275-289.

[35] GÓMEZ M I E C. Analytical and experimental study of real masonry buildings[C]. Auckland,New Zealand:The 12 th World

Conference on Earthquake Engineering,2000,Paper No. 0026.

[36] AZUHATA T,SAITO T,TAKAYAMA M, ed al. Seismic performance estimation of asymmetric buildings based on the capacity spectrum method[C]. The 12 th World Conference on Earthquake Engineering,Auckland,New Zealand,2000,Paper No. 2322.

[37] FARDIS M N,BOUSIAS S N,FRANCHIONI G,et al. Seismic response and design of RC structures with plan-eccentric masonry infills[J]. Earthquake Engineering and Structural Dynamics,1999, 28(2)：173-191.

[38] 江宜城,唐家祥. 单轴偏心的单层隔震框架结构地震扭转反应分析[J]. 世界地震工程,1999,15(4)：57-61.

[39] 李宏男,王苏岩,周健. 在水平与摇摆地震动联合作用下高层与高耸结构随机反应分析[J]. 土木工程学报,1991,24(1)：44-51.

[40] 李宏男,王苏岩. 多维地震动作用下非对称结构扭转藕联随机反应分析[J]. 建筑结构学报,1992,13(6):12-19.

[41] 蔡贤辉,邬瑞锋,许士斌. 多层剪切型均匀偏心结构的弹塑性地震反应规律的研究[J]. 应用数学和力学,2001,22 (11)：1129-1135.

[42] 戴君武,张敏政,郭迅. 多层偏心结构非线性地震反应分析[J]. 地震工程与工程振动,2003,23(5):75-80.

[43] 徐培福,黄吉锋,韦承基. 高层建筑结构的扭转反应控制[J]. 土木工程学报,2006,39(7):2-8.

[44] 徐培福,黄吉锋,韦承基. 高层建筑结构在地震作用下的扭转振动效应[J]. 建筑科学,2000,16(1):2-6.

[45] 沈蒲生,孟焕陵,刘杨. 考虑构件抗扭刚度的高层建筑结构抗扭计算[J].铁道科学与工程学报,2006,3(2):21-24.

[46] 何浩祥,张玉怿,李宏男. 建筑结构在双向地震作用下的扭转振动效应[J]. 沈阳建筑工程学院学报:自然科学版,2002,18(4):241-243.

[47] 于德湖,王焕定. 配筋砌体结构地震易损性评价方法初探[J]. 地震工

程与工程振动,2002,22(4):97-101.

[48] 于德湖,王焕定,张永山. 配筋砌体结构抗震设计多道设防方法[J].
工程力学,2003,20(1):34-38.

[49] 于德湖,王焕定. 多高层偏心配筋砌体结构弹塑性地震反应影响参数
的初步分析[J].哈尔滨工业大学学报,2003,(2):32-35.

[50] 白秀芳. 非均匀偏心配筋砌体结构地震反应及实用设计方法[D].哈
尔滨:哈尔滨工业大学,2005.

[51] 吴波,欧进萍.主震与余震的震级统计关系及其地震动模型参数[J].
地震工程与工程振动,1993,13(3):28-35.

[52] 欧进萍,吴波. 钢筋混凝土结构主余震作用下的反应与损伤分析[J].
建筑结构学报,1993,14(5):45-53.

[53] 马俊驰,窦远敏,苏经宇,等. 考虑接连两次地震影响的建筑物震害分
析方法[J].地震工程与工程振动,2004,24(1):59-62.

[54] 赵宝金.主余震作用下钢筋混凝土框架结构的破坏评估[D]. 北京:
中国地震局地球物理研究所,2005.

[55] 张杰. RM 结构考虑余震作用的地震反应分析及建议设计方法[D].
青岛理工大学,2007.

[56] 管庆松. 基于汶川地震强余震观测的框架填充墙结构地震反应分
析[D]. 哈尔滨:中国地震局工程力学研究所,2009.

[57] 砌体结构设计规范:GB 50003—2001[S]. 北京:中国建筑工业出版
社,2001.

[58] 混凝土小型空心砌块建筑技术规程:JGJ/T 14—2011[S]. 北京:中国
建筑工业出版社,2011:40-45.

[59] 祝英杰. 混凝土砌块砌体基本力学性能的试验研究及其动力分析
[D].沈阳:东北大学,2001:50-51.

[60] 砌体结构设计规范:GB 50003—2011[S]. 北京:中国建筑工业出版
社,2011.

[61] 李利群,王杏林,刘伟庆. 新型混凝土小型空心砌块砌体的力学性能
研究[J].新型墙体材料与施工,2002:36-38.

［62］胡国庆.配筋砌块砌体剪力墙抗剪承载力非线性有限元分析［J］.长沙交通学院学报,2003,19(2):39-44.

［63］祝英杰.建筑抗震设计［M］.2版.北京:中国电力出版社,2006:61.

［64］朱伯龙.结构抗震试验［M］.北京:地震出版社,1989:136.

［65］胡聿贤.地震工程学［M］.北京:地震出版社,1988:411-420.

［66］过镇海.钢筋混凝土原理和分析［M］.北京:清华大学出版社,2003:335-340.

［67］田玉滨,唐岱新.配筋砌块砌体剪力墙连梁抗震性能的试验研究［J］.建筑结构学报,2002,23(4):42-47

［68］吕西林,金国芳,吴晓涵.钢筋混凝土非线性有限元理论与应用［M］.上海:同济大学出版社,1996:41-43.

［69］沈聚敏,王传志,江见鲸.钢筋混凝土有限元与板壳极限分析［M］.北京:清华大学出版社,1993:5-48.

［70］曾晓明,杨伟军,施楚贤.砌体受压本构关系模型的研究［J］.四川建筑科学研究,2001,27(3):8-10.

［71］朱伯龙.砌体结构设计原理［M］.上海:同济大学出版社,1991:1-144.

［72］胡庆国.配筋砌块砌体剪力墙抗剪承载力非线性有限元分析［J］.长沙交通学院学报,2003,19(2):39-44.

［73］熊峰,应付钊.非线性有限元法分析预应力砌体墙结构［J］.四川大学学报,2000,32(3):16-20.

［74］骆万康,朱希诚,廖春胜.砌体抗剪强度的回顾与新的计算方法［J］.重庆建筑大学学报,1995,17(4):41-49.

［75］祝英杰,刘之洋.混凝土小型空心砌块砌体的非线性动力分析有限元模型［J］.东北大学学报:自然科学版,2002(1):30-33.

［76］王艳晗.预应力砌体柱和砌体剪力墙试验研究与理论分析［D］.南京:东南大学,2001.

［77］菊池健児,吉村浩二,田中昭洋.型枠コンクリートブロック造耐力壁の耐震墙性能に関する実験的研究［C］.日本建筑学会构造系论文集,2000(538):179-186.

[78] 谢小军. 混凝土小型砌块砌体力学性能及其配筋墙体抗震性能的研究[D]. 长沙：湖南大学,1998.

[79] 姜洪斌. 配筋混凝土砌块砌体高层结构抗震性能研究[D]. 哈尔滨：哈尔滨建筑大学,2000.

[80] 王铁英. 砌体结构验算和配筋砌体抗震软件功能设计及初步分析[D]. 哈尔滨：哈尔滨工业大学,2001.

[81] 潘明杰. 高拱坝地震响应合理分析方法研究[D]. 南京：河海大学,2007.

[82] 马玉宏. 基于性态的抗震设防标准研究[D]. 哈尔滨：中国地震局工程力学研究所,2000.

[83] 周雍年. 设防标准研究中的结构易损性分析方法[R]. 哈尔滨：中国地震局工程力学研究所研究报告,1995:1-56.

[84] 尹之潜. 地震灾害损失预测研究[J]. 地震工程与工程振动,1992,11(4):87-88.

[85] 王焕定,王铁英,张永山. 高层配筋砌体建筑弹塑性时程分析程序开发中的若干问题[J]. 哈尔滨建筑大学学报,2001,34(5):6-40.

[86] 朱镜清. 非线性动力分析的拐点处理方法[J]. 地震工程与工程振动,1982,2(3):1-23.

[87] CRUZ E F,COMINETTI S. Three-dimensional buildings subjected to bi-directional earthquakes. Validity of analysis considering uni-directional earthquakes[C]. Auckland,New Zealand:The 12 th World Conference on Earthquake Engineering,2000,Paper No. 0372.

[88] JUAN C DE LA LLERA. Some fundamental aspects of torsionally coupled structures[C]. Auckland,New Zealand:The 12 th World Conference on Earthquake Engineering,2000,Paper No. 1634.

[89] MOGHADAM A S,TSO W K. Pushover analysis for asymmetric and set-back multi-story buildings[C]. Auckland,New Zealand: The 12 th World Conference on Earthquake Engineering,2000,

Paper No. 1093.

[90] 蔡贤辉,邬瑞锋. 偏心结构的弹塑性地震反应时程分析[J]. 工程抗震,1999,18(4):14-17.

[91] 蔡贤辉,邬瑞锋. 偏心结构的弹塑性平扭耦合反应与地震动强度[J]. 应用数学和力学,2000,21(5):451-458.

[92] 邬瑞锋,蔡贤辉,曲乃泗. 多层及高层房屋扭转耦联弹塑性地震反应的研究[J]. 大连理工大学学报,1999,39(4):471-477.

[93] RIDDELL R,SANTA-MARIA H. Inelastic response of one-storey asymmetric-plan systems subjected to bi-directional earthquake motions[J]. Earthquake Engineering and Structural Dynamics, 1999,28(3):273-285.

[94] 张永山,王焕定.非线性结构时程分析的高阶单步法[J].地震工程与工程振动,1996,16(3):48-54.

[95] CHANDLER A M,DUAN Xiaonian,RUTENBERG A. Seismic torsional response: assumptions,controversies and research progress[J]. European Earthquake Engineering,1999,28(1): 37-51.

[96] PAULAY T. 钢筋混凝土和砌体结构的抗震设计[M]. 戴瑞同,译. 北京:中国建筑工业出版社,1999:313-332.

[97] 经杰,叶列平,钱稼茹. 双重抗震结构体系在高层建筑中的应用[J]. 建筑科学,2001,17(1):42-46.

[98] 叶列平,欧阳彦峰.双重抗震结构及其设计参数的分析研究[J].工程力学,2000,17(2):22-29.

[99] 翟长海. 抗震结构最不利设计地震动研究[J]. 土木工程学报,2005, 38(12):97-102.

[100] 傅秀岱,严宁川. 框架格构复合剪力墙双重抗震结构体系[J]. 烟台大学学报:自然科学与工程版,2001,02:152-156.

[101] PANAGIOTAKOS T B,FARDIS M N. A displacement-based seismic design procedure for RC buildings and comparison with

EC8[J]. Earthquake Engineering and Structural Dynamics,2001,
30(10):1439-1462.

[102] BERTERO R D, BERTERO V V. Performance-based seismic engineering: the need for a reliable conceptual comprehensive approach[J]. Earthquake Engineering and Structural Dynamics, 2002,31(3):627-652.

[103] 高层建筑混凝土结构技术规程:JGJ 3—2010[S].北京:中国建筑工业出版社,2010.

[104] 李斌.高层建筑结构模态分析方法的应用[D].上海:同济大学, 2006:86-103.

[105] 张晋.采用 MATLAB 进行振动台试验数据的处理[J].工业建筑, 2002,32(2):28-30.

[106] 戴君武.钢筋混凝土偏心结构非线性地震反应研究[D].哈尔滨:中国地震局工程力学研究所,2002.

名 词 索 引